Hommage respectueux offert à M. [illegible] par son très humble et très obéissant serviteur

[illegible]

ART DE CHAUFFER.

IMPRIMERIE DE E. DUVERGER,

RUE DE VERNEUIL, nº 4.

ART DE CHAUFFER,

OU

TRAITÉ

DES MOYENS DE METTRE A PROFIT LA CHALEUR QUI ÉMANE DES APPAREILS DE CHAUFFAGE.

PAR P. HAMON, ARCHITECTE.

> La vraie manière de perfectionner les arts consiste moins à en décrire les procédés avec exactitude, qu'à ramener leurs opérations à des principes généraux.
>
> CHAPTAL.

PRINCIPES ÉLÉMENTAIRES.

PARIS.

LIBRAIRIE SCIENTIFIQUE ET INDUSTRIELLE,

PASSAGE DAUPHINE.

1829.

A

M. Percier,

Architecte, Membre de l'Institut, etc.

Mon cher Maître,

En vous offrant l'hommage de ce fruit de mes veilles, résultat de recherches et d'observations faites pendant le cours d'une pratique variée, je satisfais au sentiment de la reconnaissance. Mais en même temps je contracte envers vous une nouvelle dette, puisque j'ai la conviction de voir s'attacher à mon travail un plus haut degré d'intérêt, si vous lui accordez la faveur de paraître sous vos auspices. Puissiez-vous, mon cher Maître, remarquer dans ces ebauches l'influence de vos conseils bienveillans, et penser qu'ils n'ont point été infructueux; ce serait ma plus douce récompense!

Votre très respectueux et très reconnaissant Élève,

Hamon.

INTRODUCTION.

L'EMPLOI du combustible pour le chauffage date, sans doute, de la plus haute antiquité, puisqu'il se rattache aux divers besoins de l'homme : mais on peut considérer l'art de l'économiser comme tout-à-fait nouveau; car on opérait autrefois, et l'on opère encore assez généralement aujourd'hui, plutôt par imitation que d'après les principes d'une pratique éclairée. Les théories physiques dont on a besoin à cet effet, ayant pour base l'observation de certains phénomènes naturels dont on cherche à découvrir les lois pour remonter à leur cause par les règles du calcul ou par le simple raisonnement, l'expérience, la pratique des faits, doivent précéder la connaissance de ces lois; et tant qu'il n'y a pas eu d'expériences faites, il n'a pu y avoir de théories: la pratique est donc nécessaire pour trouver des données d'exécution, et la théorie pour en fixer les principes et en déduire des conséquences.

Les principes constituans de la plupart des corps, et les propriétés qui leur sont particulières, étaient encore inconnus il y a un demi-siècle; on conçoit alors que cette lacune dans les connaissances physiques et chimiques, à l'époque de la publication des plus anciens ouvrages sur cette matière, ne permettait pas de remonter à la cause des effets produits. Cependant il est aisé de sentir combien ces nouvelles théories sont essentielles aux progrès de l'art de chauffer : ce sont elles, en effet, qui nous enseignent pourquoi l'air atmosphérique est indispensable à la combustion; comment les gaz se trouvent engagés dans les corps; la nature et les propriétés des combustibles, etc., etc.; elles nous font connaître la chaleur et ses principaux caractères; et les observations multipliées auxquelles des expériences journalières donnent lieu, étendent la sphère des connaissances physiques et chimiques dont tous les arts profitent. C'est dans les ouvrages qui embrassent les détails de ces sciences que j'ai puisé les citations qui reportent à l'origine des découvertes les plus curieuses, ainsi que les documens propres à donner l'explication des phénomènes qui se reproduisent sans cesse sous nos yeux; enfin, c'est là que j'ai recueilli les matériaux nécessaires pour lier ensemble, et rattacher aux mêmes principes, des sujets qui, jusqu'à présent, ont été traités isolément et d'une manière incomplète. J'ai eu soin cependant d'écarter tout ce qui tient à la spécialité de chacune de ces sciences, et de ne donner accès qu'aux élémens généraux nécessaires à l'intelligence de l'art que j'entreprends de développer.

Le dessein de réunir en un seul corps tout ce qu'on a fait ou tenté de mieux jusqu'à ce jour sur les différens moyens de mettre à profit la chaleur qui émane des appareils de chauffage, est une entreprise téméraire peut-être; car il existe beaucoup de préjugés sur ce sujet, et la partie principale (celle des cheminées) fournit matière à bien des contradictions : mais persuadé que les autres appareils ne présentent comparativement qu'un véritable jeu de combinaisons extrêmement variées, j'ai envisagé, sans en être découragé, les difficultés inséparables d'une pareille entreprise. J'ai d'abord reconnu, après un examen attentif, qu'il était nécessaire de commencer par établir dans toutes leurs circonstances les principes théoriques qui me guident dans la pratique, et de discuter ensuite librement les opinions des autres; tâche bien épineuse pour un homme moins habitué à tourner une phrase qu'à diriger des ouvriers.

Fils d'un architecte exerçant dans la province, j'ai, dès mon enfance, reçu au milieu des maçons les premiers rudimens de l'architecture pratique. Mon digne père, qui avait moins de fortune que de mérite et de bonté, fit ensuite tous les sacrifices nécessaires pour m'envoyer suivre à Paris les leçons des maîtres de l'art. Je fis mes études théoriques à l'Académie d'architecture, sous MM. Leroy et Dufourny, mais plus particulièrement à l'école du célèbre Percier. Ayant depuis exercé alternativement dans la capitale et ses environs, et dans les départemens de l'ancienne province de Bretagne, j'ai eu de fréquentes occasions d'observer les différentes méthodes de construire, et partout je me suis, autant par goût que par devoir, exclusivement occupé de ma profession et des arts industriels qui en dépendent : tels sont mes seuls titres pour oser entreprendre cet ouvrage.

Jusqu'à ce moment, excepté des devis et des rapports, dont la rédaction est, certes, peu propre à former un beau style, je n'ai eu à exercer ma plume qu'en prenant de nombreuses notes et en jetant sur le papier les réflexions que la lecture ou des observations tirées de la pratique me suggéraient. C'est cet ensemble de matériaux qui m'a fait naître l'idée d'en composer un ouvrage, en y joignant mes propres opinions; tâche pénible, je le répète, pour un artiste qui, occupé de l'exercice de sa profession, et obligé de se livrer à l'art de faire, a totalement négligé l'art de bien dire. Je ne me flatte pas de satisfaire, sur ce dernier point, le goût des lecteurs difficiles, ou de ceux qui ne s'attachent qu'à l'arrangement des mots plutôt qu'à l'utilité des choses. Je n'ignore pas cependant combien ces accessoires sont puissans pour disposer les esprits en faveur d'un ouvrage quelconque, et je livre celui qui m'occupe avec l'inquiétude d'un homme qui sait que le public n'examine le plus souvent qu'après avoir jugé.

On ne doit donc pas s'attendre à trouver dans les cahiers d'un artiste des pensées revêtues de ces ornemens que le littérateur instruit peut seul disposer avec art. Ne dire que ce qui est nécessaire, et l'exprimer clairement, sont, je le sais, deux conditions indispensables dans un ouvrage du genre de celui-ci, et je sais aussi combien il me sera difficile de les remplir; mais enhardi par la pensée que le public me tiendrait compte des efforts que j'ai faits pour y atteindre, je me suis lancé dans la carrière. Peut-être aussi m'accordera-t-on quelque indulgence, si l'on considère que fort éloigné d'être riche, n'ayant d'autre appui que moi-même, j'ai entrepris un ouvrage assez dispendieux dans le seul but d'être utile; et que ce n'est point à prix d'argent que j'ai amassé des matériaux et élargi la sphère de mes connaissances, mais bien à la sueur de mon front et par un travail long et assidu.

Dans nos relations avec les différentes classes de la société, nous apprenons bientôt que ce n'est pas ordinairement des savans que le vulgaire prend conseil, même à l'égard de ses plus chers intérêts : en ce qui concerne les opérations usuelles, on a recours de préférence aux exemples. Les livres scientifiques ont beau présenter les meilleurs documens sous ce rapport, on conçoit toujours, et non sans raison, beaucoup de défiance pour des théories qui ne portent pas le cachet de l'expérience. D'ailleurs la plupart de ces ouvrages ne sont pas à la portée du commun des lecteurs; il en résulte que les choses les plus utiles restent long-temps ignorées, parce qu'elles ne sont pas présentées avec assez de simplicité, et qu'elles sont le plus souvent enveloppées d'un appareil inutile pour la simple pratique.

Pour se faire une idée de l'importance que l'on doit attacher à l'économie du combustible dans le chauffage des habitations et des lieux de réunion, il suffit de savoir qu'il se consomme annuellement, dans Paris seulement, un million de stères de bois, ce qui équivaut à quinze millions de francs; que la dépense de la France en combustibles de toute nature, excède une valeur de cinq cents millions.

D'après cela, lorsque l'on considère que les appareils ordinaires laissent perdre inutilement la plus grande partie de la chaleur dégagée; que les poêles, qui en procurent beaucoup plus que les cheminées, ne donnent encore qu'une petite quantité de l'effet total que pourrait produire le combustible, on reconnaît combien les modes de chauffage communément en usage sont encore imparfaits, et quelle immense économie pourrait résulter de l'adoption de moyens mieux combinés.

La nécessité d'économiser le combustible n'a jamais été mieux sentie que dans les circonstances actuelles. De toute part on se plaint, et avec raison, de la rareté des bois, du déboisement des montagnes et de la détérioration des forêts. La quantité de bois, en effet, n'est plus aujourd'hui en proportion avec les besoins de la nombreuse population de la France; et cependant des procédés économiques ont déjà diminué la consommation relative de combustible pour un emploi donné. A mesure que cette rareté s'est fait sentir près des cités populeuses, on a reconnu la nécessité d'employer des moyens économiques pour le chauffage. Dans le but de satisfaire aux besoins croissans de l'industrie, et pour se mettre en rapport avec ses progrès, il fallait chercher les moyens d'obtenir et d'utiliser toute la chaleur possible d'une quantité donnée de combustible, soit en augmentant l'énergie d'un même feu, soit en en dirigeant l'action : cet objet étant d'un intérêt général, des savans et des hommes instruits en ont fait le sujet de leurs méditations.

Dans l'application des divers systèmes, on a commis des erreurs, et l'effet n'a pas toujours répondu à l'attente; inconvénient inséparable des premiers essais. L'observation et l'expérience, ayant indiqué la cause de ces erreurs, ont appris à les rectifier; et l'on peut dire qu'on est maintenant parvenu aussi près du but qu'il était permis de le désirer : au-delà, on courrait peut-être le risque de s'égarer parmi les chimères de cette perfectibilité à laquelle le génie de l'homme ne saurait atteindre.

Pour échauffer les lieux d'habitation et ceux de réunion, la chaleur est employée de plusieurs manières; il en est de même pour les usages domestiques et industriels. Son action se manifeste :

1° Par ses rayons directs et ses rayons réfléchis dans des foyers ouverts; c'est ce que produit un feu de cheminée.

2° Par une espèce de transpiration, à l'aide de laquelle la chaleur se transmet au travers de quelque corps solide dont l'appareil est formé; c'est ainsi qu'échauffe le feu d'un poêle.

3° Par le moyen de l'air extérieur que l'on fait passer dans une suite de tuyaux adaptés au foyer, de manière que le feu exerce toute son action sur leurs parois ; c'est ce qui a lieu pour les calorifères, les poêles et les cheminées : celles-ci, indépendamment de ces tuyaux à courans d'air, échauffent encore par rayonnement; les poêles le font par transpiration, comme nous l'avons déjà dit.

4° Par la concentration du feu dans un foyer. Dans les arts industriels et l'économie domestique, on emploie, pour beaucoup d'opérations, un feu dont l'action est réglée par des fourneaux qui ne sont autre chose que des vaisseaux différens entre eux par la matière dont ils sont composés, par leur grandeur, par leur forme, mais qui se ressemblent cependant en ce qu'ils renferment une quantité de matière embrasée dont ils retiennent la chaleur pour l'obliger d'agir avec force et le moins de déperdition possible, sur telle substance que l'on veut chauffer intimement.

5° Par la vapeur de l'eau, que l'on fait circuler dans des tuyaux dont l'origine, adaptée à la partie supérieure d'une chaudière établie dans un fourneau, sert à diriger la vapeur pour la porter dans une pièce que l'on veut échauffer. Il est facile de concevoir que ce dernier mode n'a pu être employé d'une manière avantageuse qu'après que l'on a eu perfectionné la construction des fourneaux : aussi n'est-il point encore généralement pratiqué.

De ces cinq modes directs d'employer le calorique pour le chauffage, nous pouvons déjà parvenir à énumérer les principaux procédés imaginés pour utiliser la chaleur d'un même feu avant qu'elle se dissipe dans l'atmosphère.

I. Afin d'obtenir le plus grand résultat possible d'un même feu, on a diminué la capacité des foyers de cheminées, et l'on a demontré que, pour augmenter l'effet de sa propriété rayonnante et réfléchissante, ces foyers devaient avoir des côtés obliques; on a conseillé de les construire avec des matériaux qui n'absorbent pas la chaleur et dont l'état de la surface puisse la réfléchir; enfin, on a donné de l'inclinaison au contre-cœur. On a fait aussi circuler l'air extérieur sous l'âtre et derrière les parois, ou dans une suite de tuyaux métalliques exposés à l'action du feu du foyer, à l'effet d'introduire cet air dans la pièce après qu'il a été échauffé.

II. Le corps des appareils dont l'objet est de chauffer par transpiration, fut d'abord construit de manière qu'il pût transmettre la chaleur de tous côtés; la base du tuyau fut disposée pour produire le même effet. Mais on ne tarda pas à s'apercevoir qu'en laissant s'échapper la fumée presque immédiatement au sortir du foyer, on n'obtenait qu'un faible résultat de ce mode de chauffage, avec une grande consommation de combustible : on imagina alors de pratiquer dans ces mêmes appareils, et en divers sens, des conduits pour y faire circuler la fumée, afin qu'elle échauffât plus intimement tout le système avant de se dissiper dans l'atmosphère; et, bien que le succès de cette amélioration fût satisfaisant, on établit encore dans le foyer une suite de tuyaux métalliques pour y faire circuler l'air extérieur, de manière qu'il contribuât, avec la chaleur transpirante, à élever la température du local.

III. Depuis peu de temps, on a fait construire des fourneaux placés dans un autre lieu que celui que l'on veut échauffer. Le foyer de ces fourneaux renferme un système de tuyaux métalliques disposé pour élever la température de l'air extérieur qu'on y introduit; d'autres tuyaux, qui ont leur origine dans des chambres ou réservoirs d'air chaud, servent à répandre cet air en grand volume dans des pièces éloignées du foyer. On a donné le nom de calorifères à ces appareils, qui méritent une attention particulière, à raison de l'air chaud et sec qu'ils produisent exclusivement.

IV. Dans l'origine des fourneaux, on se bornait à envelopper la chaudière par un petit mur: le feu se trouvait ainsi plus concentré; mais la chaleur de la fumée se dissipait inutilement. Les effets connus des conduits à fumée des poêles, ont dû faire penser que ce même moyen pouvait être appliqué avantageusement aux fourneaux: dès lors on a fait circuler la fumée sous le fond des chaudières et autour de leurs parois latérales. Cet essai a donné de tels résultats, qu'on est allé jusqu'à ne pratiquer qu'un seul foyer pour plusieurs chaudières; enfin, encouragé par le succès, on a fini par mettre encore à profit la chaleur de la fumée, avant qu'elle se dispersât dans l'atmosphère, soit pour un bain sec, soit pour une étuve.

V. Le mode du chauffage par la vapeur est une

méthode nouvelle qui a l'avantage de pouvoir, plus que toute autre, porter la chaleur au loin. Je ne sache pas qu'on ait encore mis à profit la chaleur de la fumée pour l'utiliser à d'autres usages; mais d'après le parti qu'on en tire dans les autres appareils, on conçoit qu'il est facile de la prendre au sortir du foyer pour la faire servir à échauffer quelque autre objet, et qu'on peut établir dans ce foyer un système de tuyaux propre à porter un courant d'air chaud dans un autre lieu que celui où le fourneau est établi.

Empêcher le refoulement de la fumée dans les appartemens, est encore un point fort essentiel dont on s'est beaucoup occupé *et que nous passerons en revue dans tous ses détails*. Les difficultés que l'on a rencontrées pour combattre cet inconvénient, ont donné naissance à une industrie particulière, exercée par des ouvriers qu'on désigne sous le nom de *fumistes*.

Les causes qui font fumer les cheminées et les expédiens propres à y remédier, ont été recherchés et décrits par Alberti et Serlio, architectes italiens, ainsi que par Philibert Delorme et Savot, architectes français.

Gauger, dans sa *Mécanique du Feu*, publiée en 1713, s'est occupé à la fois des moyens de faire produire plus d'effet aux foyers des cheminées, et d'opposer des obstacles au refoulement de la fumée dans les tuyaux. Cet auteur fut le premier, je crois, qui décrivit et figura le système de conduits métalliques adaptés dans les foyers, pour échauffer l'air avant de l'introduire dans la pièce.

Le célèbre Franklin, reprenant les recherches de ses devanciers, a très ingénieusement expliqué les causes du refoulement de la fumée dans les appartemens; c'est lui qui fit connaître le chauffoir de Pensylvanie, dont tous les petits foyers mécaniques ne sont que des combinaisons.

Le comte de Rumford, mettant à profit les idées de Gauger, les agrandit et les perfectionna: c'est à lui principalement que l'on doit les meilleurs procédés de construction des fourneaux économiques.

Ces hommes éclairés répandirent un grand jour sur cette branche intéressante de l'économie, et facilitèrent singulièrement la solution du problème qui consiste à dégager le plus de chaleur possible des différens appareils de chauffage avec le moins de combustible possible. Tout ce qu'on a écrit depuis n'a fait que confirmer ou étendre ces premières données : le plus léger examen, en effet, démontre que les appareils reproduits journellement ne se distinguent que par des changemens de formes assez insignifians en eux-mêmes, ou par des combinaisons variées, plus ou moins ingénieuses, auxquelles se prête le sujet. Il ne reste donc plus qu'à décrire les différens appareils de chauffage, de manière à faire comprendre leur degré respectif d'utilité, et à les classer méthodiquement.

Avant de mettre la dernière main à mon travail, et pour n'y laisser aucune omission, j'ai recherché avec soin les ouvrages récens qui traitent du même sujet; celui de M. Thomas Tredgold, traduit de l'anglais par M. Duverne (Paris, 1825), et intitulé *Principes de l'art de chauffer et d'aérer les édifices publics, les maisons d'habitation, etc.*, ne m'a point suggéré d'idées nouvelles, mais il m'a confirmé dans les opinions que j'ai prises pour base du mien. J'y ai puisé aussi de bons documens sur le chauffage à la vapeur.

« Nous ne pouvons espérer, dit cet estimable « auteur, d'arriver à une connaissance exacte des « lois de la nature et de la constitution des êtres « physiques, que par des efforts multipliés. Mais « chaque individu peut, avec le zèle et la persé« vérance convenables, soulever une partie du voile « dont il a plu à la bonté infinie de couvrir les phé« nomènes de l'univers. Aussi trouvons-nous qu'une « immense collection de faits, de raisonnemens et « d'analogies a été rassemblée avec le temps sur « toute sorte de sujets, et qu'on en a formé des « classes par suite de la découverte des principes « communs à chacune d'elles. Ce mode de classifi« cation de la science tend merveilleusement à la

« perfectionner, non-seulement en donnant plus « de facilité pour retenir ce qu'on a appris et pour « l'employer avec avantage, mais aussi en suggé-« rant de nouveaux moyens de recherches et d'ex-« périences, et par conséquent en étendant la « science à de nouveaux objets. »

Rassembler des faits, des raisonnemens et des analogies, en déduire des conséquences dans l'intention de contribuer aux progrès de l'art de chauffer; voilà précisément le but que je me suis proposé.

Je ne me suis pas borné à la recherche d'une foule de connaissances importantes, dont un grand nombre restent cachées dans les livres. Pour éviter quelques méprises dans l'exposé des principes, ou quelque inexactitude dans la description, j'ai consulté des hommes d'une instruction reconnue, et des confrères qui, par leurs connaissances et les nombreux travaux qu'ils ont fait exécuter, sont à même de juger sainement le fort et le faible des méthodes; j'ai encore pris des renseignemens de praticiens habiles.

L'art de chauffer me paraît faire partie de l'art de construire; mais il se compose de tant de détails, de données si souvent contradictoires, qu'il n'est pas surprenant qu'on l'abandonne aux praticiens fumistes : cependant ces mêmes praticiens auxquels on se confie n'opèrent en général que d'après une aveugle routine : il était donc important, je ne dirai pas de fixer les principes, mais de les réunir en un seul corps et de les classer avec méthode, pour que chacun pût remplir sciemment les obligations qu'il aurait contractées.

A en juger par diverses circonstances, je crois qu'il est intéressant aujourd'hui que celui qui s'occupe de la composition des édifices, ait des notions exactes sur la production de la chaleur et ses différens phénomènes, ainsi que sur les divers modes de chauffage. S'il n'a pas besoin, à la rigueur, d'entrer dans les détails multipliés de l'art du fumiste, il doit au moins en connaître les opérations et les ressources principales, pour être en état, lorsqu'il projette un bâtiment, de prendre ses mesures de manière à mettre toujours le praticien fumiste dans le cas d'employer, en faisant le moins de frais possible, les procédés reconnus les plus propres à utiliser la chaleur d'un même feu, et à combattre d'une manière victorieuse ou au moins à diminuer les causes du refoulement de la fumée.

Pour établir une simple ventouse après coup, ne faut-il pas, le plus souvent, lever des parties de parquet, de carrelage, percer des planchers ou des murs, etc., dégradations qu'il eût été facile de prévenir? On éviterait par là au propriétaire l'inconvénient d'avoir fréquemment des ouvriers chez lui.

Des savans qui consacrent leur vie à des recherches utiles, et qui se livrent avec zèle à l'application des bons résultats qu'ils ont obtenus de ces mêmes recherches, sont aujourd'hui en possession de diriger l'exécution, soit des calorifères ou des fourneaux économiques, soit du chauffage par la vapeur : sans doute on leur a beaucoup d'obligations pour avoir fixé des principes, établi des règles; mais à présent que ces principes sont fixés, que ces règles sont établies, je crois que ces constructions doivent sortir de leurs attributions, et qu'elles y gagneraient : effectivement, pour établir convenablement des objets de cette nature, il faut être familiarisé avec l'art des distributions.

En rassemblant les faits, les raisonnemens et les analogies relatifs à mon entreprise, la plume et le compas alternativement à la main, et en discutant franchement et avec impartialité les opinions des autres, j'ai été étonné du nombre des matériaux recueillis par moi. J'avais pensé d'abord à élaguer tout ce qui ne me semblerait pas digne de fixer l'attention; mais je me suis bientôt convaincu qu'il serait au contraire possible d'ajouter encore beaucoup de détails qui, sans être d'un intérêt majeur, ne seraient pas au moins inutiles.

Je suis redevable d'une foule de documens, soit théoriques, soit pratiques, à divers auteurs recommandables, les uns par leur science, les autres par leurs talens ; on en trouvera les preuves dans le cours de cet ouvrage. Si cependant j'avais omis parfois d'indiquer les sources où j'ai puisé, je prie d'attribuer cette inexactitude au manque de mémoire, et non à l'intention de m'approprier les idées d'autrui. J'ai toujours cité les auteurs lorsque j'ai tiré de leurs ouvrages des opinions particulières : ce scrupule ne m'a point paru être de rigueur quant aux principes consacrés, parce qu'ils peuvent être regardés comme une propriété commune.

PLAN DE L'OUVRAGE.

Au degré où sont parvenues les connaissances, il faut à chaque profession, à chaque état, des livres particuliers, des études spéciales; cependant, il est à remarquer qu'on manque encore d'un ouvrage expressément consacré à l'art de chauffer. Il est vrai que les élémens en sont épars dans une quantité de livres; mais parmi les hommes assujétis à des travaux manuels ou occupés de spéculations commerciales, un bien petit nombre trouveraient le temps de consulter les volumes dans lesquels sont répandus les faits que j'ai rassemblés, quand même les dépenses qu'entraînent nécessairement des recherches de cette nature ne seraient pas un obstacle plus puissant encore que la perte du temps qu'il faudrait y consacrer.

Les renseignemens qui m'ont été demandés en 1824 sur la réputation d'appareils que j'ai fait établir loin de Paris, sont une nouvelle preuve que les théories et les moyens d'exécution ne sont pas aussi connus qu'on le suppose généralement. J'ai eu l'occasion de faire restaurer, dans cette dernière ville, quelques constructions du même genre qui produisaient à peine la moitié de l'effet qu'on en obtient maintenant, et qui consommaient une plus grande quantité de combustible. J'en connais d'autres qu'on a récemment établies à grands frais, et qui, je crois, ne rempliront que très imparfaitement le but qu'on s'est proposé.

Les principaux procédés que je décrirai sont tous en usage aujourd'hui : ils ont chacun leur genre de mérite; mais il faut, dans le choix qu'on en fait, avoir égard aux circonstances qui peuvent faire que telle méthode soit préférable à telle autre; discernement qui ne peut s'acquérir sans qu'au préalable on ait des notions exactes sur la production et les effets de la chaleur, sur le mouvement de l'air atmosphérique dans les foyers et les tuyaux, sur le meilleur parti à tirer des résultats de la combustion, enfin sur la disposition des appareils propres à remplir le but proposé. Ces procédés se rattachent aux opérations suivantes :

Échauffer les lieux d'habitation et ceux de réunion; procurer la cuisson des alimens; élever la température de l'eau à un degré déterminé par les besoins du ménage et les autres usages domestiques; vaporiser et distiller les substances qui en sont susceptibles; blanchir et sécher le linge; élever et maintenir la température des serres.

Il suffit d'indiquer ces opérations pour faire comprendre de quelle importance est l'emploi du combustible dans l'économie domestique, et dans les arts industriels qui s'y rapportent.

Cet ouvrage sera divisé en autant de traités particuliers et indépendans l'un de l'autre qu'il y a de modes de chauffage, afin d'avoir la faculté de livrer sous le même format, à ceux qui le désireront, la partie seulement dont ils pourraient avoir besoin ; il est distribué comme il suit :

1° PRINCIPES ÉLÉMENTAIRES applicables à tous les modes de chauffage, et réunion de documens communs aux différens traités.

2° TRAITÉ DES CHEMINÉES, auquel seul se rattachent plus de cent numéros de figures, et qui renferme aussi tous les accessoires des cuisines, tels que *potagers*, *fourneaux* pour le pot au feu, la cuisson des alimens à la vapeur, fours à pâtisserie et à rôtir, etc.

3° TRAITÉ DES POÊLES construits sur place, comprenant les *poêles russes*, *allemands* et *suédois*; les *poêles français* avec ou sans bouches de chaleur; enfin les *calorifères*.

4° TRAITÉ DES FOURNEAUX ÉCONOMIQUES, avec des exemples d'application aux différens procédés d'évaporation, de distillation et d'extraction du sucre de la betterave.

5° TRAITÉ DU CHAUFFAGE DES BATIMENS au moyen de la vapeur de l'eau, suivi des différentes applications qu'on peut faire de la vapeur dans l'économie domestique et les arts industriels.

6° Traité des buanderies, lavoirs et séchoirs.

7° Traité des serres chaudes.

L'ordre des modes de chauffage en usage aujourd'hui dans les habitations et les lieux de réunion, est interrompu par le traité des fourneaux économiques, parce qu'on n'a pu employer d'une manière avantageuse le chauffage au moyen de la vapeur de l'eau, qu'après avoir perfectionné la construction des fourneaux. En faisant précéder ce dernier mode de chauffage par la description des fourneaux économiques, j'éviterai de répéter les détails qui les concernent, dans le traité particulier du chauffage par la vapeur et dans les traités suivans, où les fourneaux jouent le rôle principal. D'ailleurs, en adoptant cette division, j'ai suivi l'ordre des progrès dans l'art d'employer la chaleur et de l'appliquer aux besoins ordinaires de la société.

Cet assemblage de faits et d'observations sera très varié par ses nombreux détails, variés eux-mêmes par les combinaisons auxquelles ils peuvent donner lieu : il peut, sans parler de son utilité dans la pratique, n'être pas sans attraits sous le rapport de la science ; car il embrasse plusieurs questions compliquées, relatives à la doctrine de la chaleur.

J'aurais voulu éviter d'entrer dans des considérations générales qui, au premier abord, pourront paraître étrangères à la matière ; mais j'ai cru qu'il était indispensable de m'étendre sur une théorie qui ne peut être saisie qu'à l'aide de notions préliminaires. Ces notions étaient d'ailleurs trop intimement liées à l'objet principal, pour qu'il me fût permis de les passer sous silence; je veux parler, entre autres choses, de l'effet des mouvemens de l'air atmosphérique et de ses propriétés; de la théorie du calorique. Cette connaissance est indispensable à ceux qui s'occupent du *perfectionnement* des différens appareils, ou qui veulent acquérir des idées justes sur les opérations du feu et l'économie de la chaleur. J'ai donc consacré un chapitre entier au développement de cette théorie aussi curieuse qu'utile.

Le grand avantage d'avoir exercé alternativement à Paris et dans la province, m'a mis à portée de mieux apprécier les besoins et les ressources des diverses localités : j'envisagerai donc les objets pour la généralité de la France, méthode qui n'est peut-être pas assez suivie. Si je n'apprends rien ou que peu de chose à ceux qui exercent dans la capitale, je pourrai du moins être utile à mes confrères des départemens : ceux-ci, en effet, n'ont pas sous leurs ordres des classes d'ouvriers distinctes et exclusivement adonnées à une branche spéciale de construction; ils n'ont à consulter, pour la plupart, ni des bibliothèques publiques, ni des hommes versés dans la théorie des bâtimens; ils doivent se suffire à eux-mêmes, tirer tout de leur propre intelligence, être capables, en un mot, de guider même un méchant ouvrier, nous disons *méchant* dans la double acception du mot; car il en est qui, joignant la mauvaise volonté à une grande ignorance, s'étudient à mal exécuter chaque fois qu'on veut les faire sortir de leur aveugle routine.

J'ai joint à chacun des traités les principaux exemples des combinaisons auxquelles les différens modes de chauffage sont susceptibles de donner lieu, et toutes les figures qui peuvent aider à les faire comprendre; mais le dessin, image muette de l'objet, a souvent besoin d'une explication écrite, qui elle-même emprunte de lui sa clarté. Néanmoins cette explication doit être succincte; car si l'on voulait entrer dans les détails de chaque chose, des volumes entiers suffiraient à peine pour un seul objet : en un mot, j'ai pensé que des figures multipliées étaient indispensables pour l'intelligence d'un art tout-à-fait descriptif.

Les objets les plus indifférens en apparence m'ont souvent offert, ou une comparaison, ou le motif d'un raisonnement. En soumettant à la discussion ceux qui m'en ont paru susceptibles, j'ai cherché à me prémunir contre les erreurs que peut faire commettre une confiance trop facile en des moyens présentés avec l'attrait de la nouveauté; mais aussi j'ai eu l'attention d'éloigner les obstacles qui pourraient contrarier la marche des nombreuses améliorations que l'on cherche à répandre, ou décourager les auteurs de découvertes véritablement utiles et de perfectionnemens heureusement conçus.

D'après le plan que j'ai adopté, et bien pénétré de l'idée que la plupart des lecteurs exigeraient que j'allasse droit au but par la voie la plus courte, j'ai rassemblé tous mes efforts pour surmonter, autant qu'il était en moi, les difficultés qui s'offraient en première ligne à mon esprit. J'ai tâché, en conséquence, 1° d'établir les principes généraux, communs aux différens modes de chauffage, de manière que ceux qui voudront s'instruire puissent avoir recours à mon ouvrage et en retirer quelque fruit; 2° de rendre chaque traité particulier indépendant, c'est-à-dire, d'éviter la répétition de ces principes généraux, en en donnant toutefois des notions suffisantes aux personnes qui par état ne peuvent entrer dans les détails préliminaires que demande le sujet, et encore à celles que leur goût ne porte point à s'occuper de ces détails.

Si, au premier abord, on était tenté de croire que l'art de chauffer n'était pas susceptible du développement que je lui ai donné, je prie le lecteur d'attendre qu'il ait connu le dernier de mes traités, pour se former une idée précise de l'ouvrage avant d'asseoir son jugement. Il se convaincra alors que chacun de ces traités en particulier contient, sinon des choses jusqu'à présent ignorées, du moins des conséquences neuves déduites de faits déjà connus et de combinaisons qu'il serait bien difficile de découvrir sans l'étude de l'architecture et une grande habitude des bâtimens.

Tous les momens que j'ai pu dérober à mes occupations obligatoires, je les ai consacrés à cet ouvrage. Il est vrai qu'en cela j'ai bien plus suivi mon penchant que consulté mes propres intérêts; mais, je l'avouerai, les entraves que l'on rencontre à chaque pas dans l'exercice de la noble profession d'architecte, ne font pas de la pratique un objet amusant, tandis qu'en se livrant au travail du cabinet, on jouit du moins d'une tranquillité d'esprit qui fait l'objet de tous mes désirs.

Ces entraves sont occasionnées par les dépenses excessives qu'entraînent les constructions; dépenses que la multiplicité de nos besoins et le renchérissement successif des matériaux et de la main-d'œuvre augmentent tous les jours; par les caprices de ceux qui font bâtir, et qui, en fournissant leurs fonds, se supposent le droit d'exiger que l'artiste se soumette à leurs fantaisies; par l'envie de jouir incontinent, envie dont chacun est tourmenté aujourd'hui; enfin, par la manie de substituer ses propres idées à celles d'autrui : inconvéniens vraiment décourageans, et qui ne permettent pas à l'artiste de se livrer à l'étude approfondie d'un projet, parce qu'en le commençant il est persuadé que ce projet, dût-il être sans défauts, trouvera encore un grand nombre de contradicteurs; inconvéniens, en un mot, qui nous contraignent de faire en construction folies sur folies.

Cependant j'ai pu réussir à faire élever deux édifices absolument de moi, dans ma ville natale ; une halle et une prison : mais je n'y suis parvenu qu'en me raidissant contre les avis du conseil des bâtimens civils, qui n'était pas plus avare de ses esquisses modificatives de projets étudiés que de ses rapports contre ces mêmes esquisses modificatives. Je fais naître cette occasion de parler du peu que j'ai fait en édifices, pour remercier mes concitoyens de la confiance qu'ils ont bien voulu m'accorder dans ces deux circonstances, et pour témoigner ma reconnaissance à M. Lahaye de Bizieu, maire de la ville, à M. le comte de Villegontier, pair de France, préfet, à cette époque, du déprtement d'Ille-et-Vilaine, et à M. Garnier du Fougeray, alors député, qui tous n'ont cessé de m'honorer de leur bienveillance particulière.

TABLE SYNOPTIQUE

DE PRINCIPES ET DE NOTIONS ÉLÉMENTAIRES

APPLICABLES

AUX DIFFÉRENS TRAITÉS

SUR L'ART DU CHAUFFAGE.

Le sujet que j'embrasse se réduisant toujours aux effets de matières inflammables mises en combustion dans un foyer quelconque, l'idée d'envisager les divers modes de chauffage sous le même point de vue se présentait naturellement. En appliquant à chacun de ces modes en particulier les conséquences que l'on peut tirer, par analogie, des principes généraux que j'ai d'abord recueillis, j'éviterai de répéter, dans chacun des traités, des règles communes à tous.

Puisque les théories physiques et chimiques sont indispensables pour la connaissance des phénomènes qui ont lieu dans les opérations relatives à l'emploi de la chaleur, il fallait les classer méthodiquement pour en abréger l'étude. J'ai adopté, en conséquence, l'ordre par chapitres, division qui, en laissant reposer l'attention, facilite la classification des noms et des choses; et j'ai cherché à présenter les uns et les autres de la manière la plus simple, dans l'intention de familiariser d'abord le lecteur avec les expressions de la science.

Ce premier traité est divisé en onze chapitres, qui contiennent :

solides. Conductibilité des corps poreux et légers. Conductibilité des liquides et des gaz. Échauffement et refroidissement des corps.

CHAPITRE VI.

Considérations générales applicables aux différens modes de chauffage. Application de la propriété conductrice des corps à la pratique. Précautions à observer.

CHAPITRE VII.

Composition matérielle des appareils de chauffage. Foyers. Conduits à fumée. Conduits aérifères. Conduits caléfacteurs. Tuyaux d'écoulement. Supplément, extrait du *Traité de la Chaleur*.

CHAPITRE VIII.

Tuyaux d'écoulement, communs à divers foyers. Supplément, extrait du *Traité de la Chaleur*.

CHAPITRE IX.

Observations générales et principaux moyens employés dans l'intention de déterminer le tirage des tuyaux, et d'empêcher la fumée d'être refoulée. Appareils fixes. Appareils mobiles. Extrait du *Traité de la Chaleur*.

CHAPITRE X.

Discussion au sujet des dimensions à donner au plan des tuyaux d'écoulement. Comparaison des méthodes. Opinion de l'auteur. Extrait du *Traité de la Chaleur*.

CHAPITRE XI ET DERNIER.

Réunion des sujets qui intéressent ceux qui par état dirigent les constructions, aussi bien que ceux qui font bâtir. De l'usage du mur de séparation de deux héritages joignant sans moyens, et responsabilité. Lois et réglemens qui régissent la matière à l'égard de la sûreté publique, et garantie. Causes d'incendies et moyens de construction propres à les prévenir. Ramonage. Secours à porter aux feux des différens appareils.

ART DE CHAUFFER.

PRINCIPES ÉLÉMENTAIRES.

CHAPITRE PREMIER.

Lorsque la théorie sera une fois bien entendue, nous pourrons alors, mais non pas avant, prendre avec certitude des mesures pour perfectionner les procédés : l'expérience, même dépourvue de la théorie, peut conduire et conduit souvent à d'utiles améliorations; mais l'absence de principes rend le progrès de ces améliorations lent, chancelant, incertain et peu satisfaisant. RUMFORT.

SECTION PREMIÈRE.

Air atmosphérique et ses propriétés.

L'AIR fut, de même que l'eau, regardé par les philosophes anciens comme un des élémens constitutifs des choses créées. Un petit nombre de ceux qui, dans les seizième et dix-septième siècles, se livraient à des recherches chimiques, formèrent quelques conjectures sur sa nature véritable. De 1665 à 1680, Boyle, Hook et Mayow établirent qu'une petite portion de l'air est absorbée par la respiration des animaux, et pendant la combustion des corps inflammables. Mais la véritable analyse de ce fluide est un travail bien plus récent : il ne fut achevé que dans la seconde moitié du siècle dernier, par Scheell, Priestley et Lavoisier. Ces hommes célèbres prouvèrent que la base de son essence consiste en deux gaz, l'*oxigène* et l'*azote*.

L'air ne se trouve dans la nature qu'à l'état gazeux; il constitue l'*atmosphère*, dont la hauteur paraît être d'environ quinze à seize lieues. L'analyse la plus sévère n'a démontré jusqu'à présent dans l'air pur que du gaz *oxigène* et du gaz *azote*, dans le rapport de 21 à 79; du gaz *acide carbonique* en petite quantité; de l'eau en vapeur, dont la moindre quantité a été évaluée à près des $\frac{2}{10}$ de celle qu'il peut contenir quand il en est saturé; du fluide électrique; enfin le calorique et la lumière nécessaires pour maintenir ces substances à l'état gazeux. Cependant il est facile de prévoir que l'on doit rencontrer souvent dans l'atmosphère des matières étrangères à celles dont nous venons de parler; par exemple, toutes celles qui se volatilisent journellement à la surface de la terre doivent entraîner les parties élémentaires qui les constituent.

L'air atmosphérique a la propriété de se mouvoir avec une vitesse égale à celle de la rotation de la terre, ou avec des vitesses différentes de cette même rotation; et ses molécules obéissent, comme celles des autres corps, aux autres actions chimiques.

L'air atmosphérique est *fluide*, *pesant*, *compressible*, et parfaitement *élastique*.

Fluidité de l'air. Cette propriété est le résultat de la dissolution des principes constituans de l'air dans le calorique. La fluidité de l'air est d'ailleurs rendue manifeste par la facilité avec laquelle ses particules se séparent les unes des autres et cèdent à toutes les impulsions.

Pesanteur de l'air. L'air est pesant, quoique, dans les circonstances ordinaires, on ne s'en aperçoive pas. Ce poids est en lui-même très considérable, car il correspond à celui d'une colonne d'eau qui aurait 32 pieds de hauteur : cependant on n'en sent pas le poids, parce que les colonnes d'air sont en équilibre les unes avec les autres; et l'extrême mobilité de ses particules, qui se séparent aisément les unes des autres, fait que nous nous déplaçons sans effort.

Aristote avait déjà cherché à prouver la pesanteur de l'air; cependant cette qualité lui était généralement refusée, lorsque Galilée entreprit de la démontrer d'une manière incontestable. Il injecta de l'air dans un vaisseau de verre, de manière qu'il y restât comprimé, et il vit que ce vase était alors plus pesant que lorsqu'il ne contenait que de l'air ordinaire.

Toricelli et l'illustre Pascal firent des expériences ingénieuses qui mirent la pesanteur de l'air hors de doute, et la machine pneumatique vint porter sur ce point, comme sur beaucoup d'autres, un faisceau de lumière. Otto de Guericke, bourgmestre de Magdebourg, mort en 1686, en fut l'inventeur. A l'aide de cette précieuse machine, on enleva l'air renfermé dans un ballon de verre qu'on avait pesé préalablement; on reconnut qu'il était sensiblement plus léger qu'avant l'opération.

La pesanteur de l'air une fois constatée, il semblait naturel d'en déduire les effets de la pression sur les corps de la nature, et particulièrement son action sur l'eau dans les pompes. Cependant, jusqu'en 1643, on pensait généralement que ce phénomène n'avait lieu qu'en vertu de l'horreur que la nature a du vide. Il était réservé à Toricelli, digne élève de Galilée, d'en trouver la véritable explication. Il pensa donc que la pression de l'air extérieur était cause de l'ascension de l'eau, et que cette pression égalait celle de 32 pieds d'eau. Il vit, en outre, que, dans un tube fermé à l'une de ses extrémités, le mercure ne s'élevait qu'à 28 pouces, et que cette hauteur était à celle de l'eau en raison inverse des densités : sa conjecture fut ainsi convertie en certitude. D'après les données précédentes, la pression de l'atmosphère sur une surface connue, étant égale à celle que 32 pieds d'eau ou 28 pouces de mercure exerceraient sur cette même surface, il résulte que la pression de l'atmosphère sur un homme de moyenne stature égale 33,600 livres. La pression de l'atmosphère agissant dans tous les sens, ainsi que nous le verrons incessamment, ce calcul est établi sur la surface développée du corps soumis à l'expérience.

L'air atmosphérique est sujet à des changemens continuels, soit d'humidité, soit de sécheresse, de repos ou d'agitation; par conséquent, son poids ou sa pression doit varier à chaque moment dans le même lieu.

La couche d'air ambiant exerce une pression sur la substance quelconque qui s'y trouve plongée; et dans l'état naturel des choses, tous les corps étant enveloppés par l'atmosphère, il suit évidemment qu'ils sont pressés en tout sens comme par une infinité de ressorts, et que partout où il existe un creux ou une cavité à la surface de la terre, ils sont toujours remplis d'air, au degré de pression de l'atmosphère environnante.

La pesanteur de l'air et sa propriété d'exercer la pression dans tous les sens doivent commencer à faire entrevoir que si la force ascensionnelle de la fumée ne l'emporte pas sur le poids de l'atmosphère, l'air entrera dans le tuyau des appareils de chauffage, y refoulera la fumée, sans égard aux causes accidentelles qui peuvent provoquer ce mouvement.

L'air froid et sec est celui qui est le plus pesant et le plus dense [1]; et cependant c'est au travers de l'air

(1) *Dense*, dont les parties sont serrées. Les corps sont plus ou moins pesans, selon qu'ils ont plus ou moins de densité.

sec et froid que la fumée éprouve le moins d'obstacle dans son ascension : ceci tient à des considérations que nous développerons plus tard.

Compressibilité de l'air. L'air peut être comprimé; alors il se resserre, et diminue d'autant plus de volume que le poids dont il est chargé est plus grand; en sorte que le volume de l'air est en raison inverse de la pression à laquelle il est soumis.

La compressibilité suppose que l'intérieur du corps n'est pas physiquement plein, ou qu'il contient un fluide plus subtil; elle suppose encore que les parties de ce corps ont de la flexibilité.

Dans l'état actuel de nos connaissances expérimentales, « jamais on n'est parvenu, dit M. Christian, quelque puissante qu'ait été la force employée, à comprimer l'air au point de ne pouvoir le comprimer encore en faisant agir une force supérieure. Et, quelle qu'ait été la durée de l'état de compression auquel une portion quelconque d'air, une molécule même de ce fluide, a pu être asservie, aussitôt que la force comprimante a cessé d'agir, elle a repris le volume naturel et tout le volume qu'elle avait avant la compression; ce qui annonce une élasticité parfaite et inaltérable[1]. »

L'air fortement comprimé a la propriété de s'échauffer et de devenir lumineux; on doit à cette

(1) *L'Industriel.*

connaissance l'invention des briquets pneumatiques.

Ces petits instrumens sont composés d'un tube cylindrique en cuivre ou en verre, hermétiquement fermé par la partie inférieure, et dans lequel on met un piston. Lorsqu'on abaisse rapidement le piston, l'air, fortement comprimé, s'échauffe jusqu'à devenir lumineux; c'est ce qu'il est facile de reconnaître en employant un cylindre de verre et faisant l'expérience dans l'obscurité. On conçoit facilement, d'après cela, que si l'on place un petit morceau d'amadou dans une cavité pratiquée à la base du piston, l'abaissement rapide de ce piston l'enflammera. Pour que l'expérience réussisse, il faut que la compression soit rapide et que le piston joigne bien ; car si la pression est lente, la chaleur développée se dissipera continuellement par l'appareil lui-même; et si le piston ne joint pas bien, l'air s'échappera et la compression sera faible, malgré la rapidité de la descente du piston. Mais il est encore une autre condition nécessaire; c'est de retirer promptement le piston du cylindre : autrement, l'amadou s'éteint, parce que la combustion d'une partie très petite de l'amadou rend promptement l'air qui est au-dessous du piston impropre à la combustion.

On savait depuis long-temps que les forgerons se procurent souvent du feu au moyen de la percussion, qui n'est qu'une forte compression instantanée. Pour cela, ils placent une barre de fer sur une enclume, et la martellent jusqu'à ce qu'elle soit assez chaude pour allumer l'amadou.

Élasticité de l'air. L'élasticité est la propriété qu'a un corps, resserré dans un plus petit espace, de revenir dans son premier état, lorsque la force qui l'a comprimé vient à cesser.

On donne aussi le nom d'élasticité à la force avec laquelle un ressort tend à reprendre la forme qu'on lui a fait perdre momentanément.

L'air est élastique; il se comprime fortement et revient promptement à son premier volume, dès que la cause qui le comprime n'agit plus sur lui.

Une pomme flétrie, mise sous le récipient de la machine pneumatique, semble devenir fraîche quand on fait le vide; et lorsqu'on rend l'air, elle reprend son premier état.

Le ballon rempli d'air, avec lequel les écoliers jouent, et qui bondit en tombant sur un corps dur, fournit encore la preuve de l'élasticité de l'air.

Dans une masse d'air ou de tout autre fluide élastique en équilibre, la force élastique dans chaque point est égale à la pression. En effet, soit un vase cylindrique ouvert à la partie inférieure, et dont la partie supérieure soit fermée par une vessie mouillée : qu'on ferme la partie inférieure, la vessie restera toujours tendue; le ressort de l'air intérieur est donc égal à la pression extérieure. Qu'on place le vase sur une machine pneumatique, et qu'on fasse le vide; dès les premiers coups de piston, le ressort de l'air étant diminué, ne pourra plus faire équilibre à la pression atmosphérique, la vessie fléchira, et même finira par crever, si le vide est porté assez loin.

Puisque la force élastique des fluides en équilibre est égale à la pression, il s'ensuit que l'air devrait agir avec toute l'énergie qu'il acquiert par la dilatation dans le foyer des appareils de chauffage (l'effet de la dilatation est analogue à celui de l'élasticité), pour vaincre la pression extérieure, et se frayer un passage au milieu; mais jamais l'air extérieur n'est en équilibre avec l'air d'une pièce dans laquelle il y a du feu, et plusieurs circonstances se réunissent quelquefois pour contrarier l'effet d'ascension. Voilà pourquoi la vitesse du mouvement ascensionnel des produits de la combustion, ou la force répulsive de la fumée, n'est pas toujours suffisante pour empêcher l'air extérieur de s'introduire dans le tuyau et d'y refouler la fumée.

Élasticité et compression. L'air étant pesant et élastique, les couches inférieures de l'atmosphère supportant le poids de toutes celles qui sont au-dessus, et leur nombre étant d'autant plus petit que celle que l'on considère est plus éloignée de la surface de la terre, il en résulte que l'air est d'autant plus comprimé qu'il est plus voisin de cette surface; enfin, comme la force de ressort augmente en même temps que la compression, il en résulte encore que la force élastique de l'air va en diminuant à mesure qu'on s'élève.

L'air atmosphérique jouit encore d'autres propriétés que nous allons faire connaître.

Dilatation. Exposé à l'action de la chaleur, l'air atmosphérique se dilate dans la même proportion que les autres gaz, mais il ne subit aucune décomposition.

La dilatation de l'air consiste en ce qu'un volume d'air soumis à l'action de la chaleur montre une tendance à occuper un plus grand espace; en conséquence, il exerce une pression égale, dans tous les sens, sur les parois des vases qui le contiennent, et cette pression s'accroît ou s'affaiblit à mesure qu'il est condensé ou raréfié, pourvu que la température soit la même.

Il suit de là que la dilatation de l'air produit des effets exactement opposés à ceux de la compression. Si l'on expose sur un fourneau dans lequel on aura mis des charbons allumés une vessie pleine d'air, l'air se dilatera au point de faire crever la vessie.

L'effet de la chaleur sur l'air est, 1° d'en étendre le volume; 2° d'en accroître le ressort à proportion de la pression dont il est chargé; de sorte qu'un même degré de chaleur, appliqué à une même quantité d'air doublement ou triplement condensé, lui donnera un ressort double ou triple.

L'air qui se dilate par la chaleur devient plus léger ; il acquiert une force élastique plus grande ; la légèreté et l'élasticité de l'air échauffé produisent dans les tuyaux de nos appareils de chauffage un courant ascensionnel qui nous débarrasse de la fumée incommode du foyer, si des causes accidentelles n'y mettent point obstacle.

En effet, on sait qu'un corps quelconque, plongé dans un liquide, est poussé de haut en bas par sa pesanteur, et en sens contraire par une force égale au poids du liquide dont il tient la place. Il suit de là que, quand le poids du corps est plus grand que celui du fluide déplacé, il coule; quand ces deux poids sont égaux, il reste stationnaire; et quand, au contraire, le poids du corps est plus petit que celui du fluide déplacé, le corps s'élève. Il en est de même à l'égard de l'air : toutes les fois qu'une de ses parties deviendra plus légère que celles environnantes, elle s'élevera. Or, l'air se dilate par la chaleur, et son poids sous le même volume diminue. Par conséquent, l'air échauffé doit s'élever, et l'air refroidi doit descendre, et cela avec d'autant plus de vitesse que la différence de température avec l'air environnant est plus grande.

Raréfaction. Nous avons vu que l'on comprime l'air en diminuant par force l'espace qu'il occupe; on le raréfie, au contraire, en ouvrant à une quantité d'air donnée un espace plus grand que celui qu'il occuperait naturellement

Ainsi, par exemple, supposons que, dans un corps de pompe d'une grandeur suffisante, il se trouve sous le piston un pied cube d'air dans un état naturel de compression; soulevez le piston, et de cette manière donnez à l'air un espace plus grand que celui qu'il occupe, il remplit incontinent cet espace, en changeant et son état de compression et sa force de ressort, qui seront d'autant plus affaiblis que vous aurez ouvert à cette quantité donnée d'air un espace plus grand à remplir.

On conçoit très aisément que cette tendance constante de l'air à occuper un espace qu'on agrandit autour de lui, vient de ce qu'il est toujours comme un ressort tendu plus ou moins fort; diminuez la force naturelle ou artificielle qui le comprime ou le tend, ce qui arrive lorsque vous présentez à une portion d'air renfermé un plus grand espace à occuper, il doit nécessairement s'étendre en perdant de sa densité.

L'air détermine et entretient la combustion. Quand la combustion d'une matière inflammable a lieu, c'est l'air atmosphérique qui fournit l'oxigène nécessaire. Si la masse d'air dans laquelle s'opère la combustion est petite relativement à celle du combustible, elle s'épuise bientôt et cesse d'alimenter la combustion; aussi faut-il employer des moyens propres à renouveler continuellement l'air qui doit produire ce phénomène.

Lorsqu'on veut élever la température de l'air dans un lieu fermé, on détermine la combustion de matières inflammables dans le foyer d'appareils disposés de différentes manières. Autrefois les cheminées et les poêles étaient seuls employés à cet effet; mais depuis que ces objets ont fixé l'attention des physiciens, des chimistes et autres hommes éclairés, dans le but d'économiser une matière dont le renchérissement se fait sentir tous les jours, on a donné beaucoup d'extension à cette partie de l'économie publique, ainsi qu'on a pu le voir dans l'introduction et le plan de cet ouvrage.

Échauffement de l'air. Une autre propriété de l'air, c'est de transmettre la chaleur. Toutes les fois qu'une portion d'air est plus chaude que le reste, si l'on emploie des moyens de l'échauffer davantage, elle s'élève et est remplacée par une autre qui en fait autant. Par ce mouvement continuel, la chaleur se communique bientôt à toutes les parties renfermées dans le lieu exposé à l'action du feu, et forme un courant d'air chaud qui tend toujours à s'élever.

L'échauffement de l'air s'effectue principalement par son contact direct avec des corps solides échauffés, et c'est à la connaissance de cette propriété que l'on doit l'origine des courans d'air chaud établis dans les foyers des différens appareils de chauffage. Pour cela on introduit l'air extérieur ou celui de la pièce par l'orifice inférieur de conduits métalliques exposés de toute part à l'action du feu; l'air s'y échauffe, y prend une vitesse proportionnelle au degré d'échauffement, et sort par l'orifice supérieur.

Mouvemens de l'air. Les mouvemens dont l'air est sans cesse agité exercent une grande influence sur les effets de la combustion, dans les foyers et les tuyaux des différens appareils de chauffage.

La sérénité du ciel, les vapeurs suspendues dans l'air, l'heure de la journée, la nuit, imprimant des différences à la température, il en résulte autant de variations dans les effets; et ces divers états de l'air pouvant se rencontrer en même temps, l'inconstance des causes accidentelles du refoulement de la fumée ne doit point paraître extraordinaire.

Nous connaissons les effets de la pression de l'air; il faut distinguer ceux du choc. La première produit une action continue sur un corps, et tend à le faire mouvoir; on la compare à la pesanteur, qui est une expression dont on connaît mieux la valeur. Le choc est l'action d'un corps en mouvement et ayant déjà une vitesse acquise, sur un autre corps qu'il rencontre; mais cette action ne peut se comparer à la pression, puisqu'elle n'a lieu que partiellement et instantanément.

Ainsi, un courant d'air qui, d'un mouvement égal et continu, exercera une influence régulière sur la fumée au sortir du tuyau, peut aller choquer un corps dominant et venir en retour frapper la sommité du tuyau, et ces deux mouvemens exerceront des effets différens.

Propriété conductrice de l'air. L'air sec n'est pas bon conducteur de la chaleur; il n'enlève aux corps le calorique qu'ils contiennent ou ne leur transmet le sien, que par la grande faculté qu'il a de se mouvoir et d'appliquer successivement ses molécules sur ces différens corps.

Ainsi la fumée qui s'élève dans l'air sec et froid conserve sa chaleur, par conséquent sa légèreté, son degré de ressort, et elle éprouve, dans ce cas, le moins d'obstacle possible dans son ascension, abstraction faite des causes accidentelles qui pourraient en contrarier l'effet.

Lorsque l'air contient de l'eau en vapeur, il devient très bon conducteur du calorique.

Or, l'air chaud et humide est celui qui contient le plus d'eau; la propriété conductrice de l'air, dans cette circonstance, fait qu'il s'empare d'une portion de la chaleur de la fumée; et celle-ci perdant de son degré de ressort et de sa légèreté par cette soustraction, sa force ascensionnelle diminue progressivement, et la fumée finirait par se condenser.

Lorsque l'air est dans un état d'immobilité, il transmet très difficilement la chaleur.

Au chapitre IV de cette première partie, nous aurons occasion de faire d'utiles applications de cette dernière propriété de l'air, et nous développerons la théorie nouvelle, aussi curieuse qu'importante, de la faculté conductrice des corps.

SECTION II.

Calorique et chaleur.

A la cause inconnue des phénomènes de la chaleur on a donné long-temps le nom de feu ou de matière de la chaleur ; mais les nombreuses expériences de la chimie moderne ayant produit de nouvelles découvertes, et les progrès de cette science allant toujours croissant, on a été obligé de réformer le langage chimique, autant pour parvenir à la classification méthodique des faits, que pour en simplifier et préciser la description, enfin pour abréger les détails multipliés de l'analyse. Lavoisier créa le mot *calorique*, afin de distinguer la cause productrice de la chaleur d'avec la sensation à laquelle nous donnons ce même nom.

La chaleur est la sensation que nous fait éprouver le soleil, et que nous ressentons en approchant du feu ou d'un corps chaud quelconque ; le calorique est l'auteur ou la source de cette sensation. A la rigueur, on ne doit pas confondre l'effet avec la cause qui lui donne naissance ; néanmoins nous emploierons ces deux mots dans une même acception ; et des deux hypothèses qui partagent aujourd'hui les physiciens, nous adopterons celle qui considère le calorique comme un fluide matériel très subtil, parce qu'elle est la plus commode pour l'explication des faits et la plus propre à en faciliter la conception.

« Le calorique est sans contredit le principe le plus « utile à l'homme, dit M. Rostan : on l'emploie pour « élever la température de l'air dans les saisons ri- « goureuses; on l'emploie pour la préparation des ali- « mens, des bains, etc.

« Non-seulement il exerce son immense influence « sur les corps inorganiques, mais il est aussi l'une « des premières causes de l'organisation.

« Il concourt avec la lumière au développement et « à la conservation de tous les êtres vivans; et c'est à « juste titre que, sous le nom de feu, il était consi- « déré par les anciens comme un des élémens de tout « ce qui existe.

« Nous aurions de la peine à concevoir les phéno- « mènes qui pourraient survenir dans son absence to- « tale; nous ne pouvons imaginer que la destruction « ou la mort. Par sa présence, au contraire, tout vit, « tout respire; la nature engourdie se réveille; les « végétaux se parent de fleurs et de verdure, et en- « richissent l'air de l'oxigène qu'ils exhalent; les ani- « maux sont en proie à l'amour, et le grand acte de la « reproduction s'opère. L'homme, le premier des « êtres organisés, ressent, ainsi que les autres, les

« effets bienfaisans de ce principe éminemment orga-
« nisateur[1]. »

Température. On désigne par ce mot le degré de chaleur qui règne dans un lieu ou dans un corps.

Si deux corps sont en contact ou en présence l'un de l'autre, le plus chaud cède de son calorique au plus froid, et cet échange amène bientôt l'égalité ou l'équilibre de température. On dit que la température d'un corps est plus élevée que celle d'un autre, lorsqu'il produit sur nous une plus vive sensation de chaleur.

Les instrumens dont on se sert pour mesurer les degrés de chaleur sont généralement connus ; il n'entre pas dans mon sujet d'en donner le détail.

Divers états du calorique. On a distingué plusieurs états dans le calorique : le calorique sensible, le calorique interposé, le calorique combiné, le calorique latent.

1° *Le calorique sensible* est celui qui est libre, et qui produit sur nos organes la sensation de la chaleur. Ainsi la température d'un corps est sa chaleur sensible.

2° On appelle *calorique interposé* celui qui, étant retenu entre les molécules des corps, n'est engagé dans aucune combinaison ; il sert à élever leur température, est sensible au thermomètre, et fait équilibre à la chaleur extérieure.

(1) *Dictionnaire de Médecine*, au mot *Calorique*.

3° On donne le nom de *calorique combiné* à celui qui ne peut être séparé des corps sans changer leur état; à celui qui constitue leur manière d'être, qui fait partie de leur substance, même de leur solidité.

4° On désigne par *calorique latent* la quantité de chaleur absorbée par les corps pour passer de l'état solide à l'état liquide, et pour convertir ces derniers en vapeur et les maintenir dans cet état.

On a reconnu que de grandes quantités de calorique doivent pénétrer dans les corps et s'y cacher, pour ainsi dire, afin de les faire passer de l'état solide à l'état liquide, et de celui-ci à l'état de vapeur. Le mérite de cette importante découverte n'est point contesté au docteur Black. Sa première expérience décisive eut lieu en décembre 1761, à Glascow, où il était professeur de chimie. Il trouva la quantité de chaleur nécessaire pour faire passer un poids donné de glace à l'état liquide; et il constata aussi que cette même quantité de chaleur est mise en liberté et rendue sensible, lorsque l'eau passe de l'état liquide à l'état solide.

Remarquant, en outre, que cette quantité de chaleur rigoureusement nécessaire à l'état liquide, n'était sensible ni au toucher, ni au thermomètre, le docteur Black lui donna le nom de *chaleur latente* ou *cachée*: on la désigne plus généralement aujourd'hui sous le nom de *calorique latent*.

Bien qu'ayant 1762 le docteur Black n'eût pas trouvé l'occasion de faire des expériences satisfaisantes sur la quantité de chaleur qui devient latente pendant la conversion de l'eau en vapeur, il avait néanmoins fait depuis long-temps de nombreuses observations sur le fait lui-même.

Il avait remarqué que chaque addition de chaleur appliquée à un liquide produit une élévation de température, jusqu'à ce que le liquide arrive au point de l'ébullition; mais qu'alors, quelle que soit la violence de cette ébullition, le liquide ne s'échauffe pas davantage, et la vapeur qu'il produit n'est pas à une température plus élevée que celle du liquide. Il en conclut donc qu'une grande quantité de chaleur était absorbée par la vapeur, et y devenait latente.

Black avait également remarqué la chaleur considérable que manifeste le serpentin d'un alambic, et s'était convaincu que, lorsque la vapeur se convertit en liquide, sa chaleur latente est mise en liberté et devient sensible.

La théorie du calorique latent trouve une démonstration aussi rigoureuse que brillante dans la vaporisation des liquides.

Puisque les liquides, en s'évaporant, absorbent de grandes quantités de calorique sensible, qui devient latent pour leur faire prendre et leur conserver l'état d'expansion qui les constitue en vapeur, toute évaporation doit nécessairement produire du froid.

C'est ainsi que dans l'été les pluies refroidissent et rafraîchissent la terre, parce que l'eau répandue à sa surface s'évapore promptement et lui enlève son calorique surabondant.

Ceci explique l'usage d'arroser les rues pendant les grandes chaleurs de l'été; l'effet est d'enlever au pavé une portion de chaleur dont s'empare l'eau pour se vaporiser.

Propriétés de la chaleur.

Propagation. La chaleur se propage à travers les corps, en formant une progression géométrique décroissante, à partir du foyer; elle se propage à l'aide de courans ascendans et descendans qui ont lieu dans les fluides et dans les liquides, dont les particules mobiles cèdent à toutes les impulsions. Cet effet est, d'après les expériences de Leslie, indépendant des surfaces par lesquelles se touchent les milieux [1] inégalement échauffés.

Intensité. L'intensité[2] de la chaleur décroît en raison du carré de la distance; c'est-à-dire qu'un corps placé à deux pieds de distance du foyer sera échauffé

(1) En physique, on donne le nom de *milieux* aux corps dans lesquels d'autres corps peuvent exister et se mouvoir. L'air, par exemple, est le milieu où existent et se meuvent les corps terrestres.

(2) *Intense*, grand, fort, vif. Une chaleur *intense* est une chaleur forte. L'*intensité* est le degré d'extension, de force ou d'activité d'une chose, d'une qualité, d'une puissance; par exemple, le chaud, le froid, le son, la lumière, etc.

quatre fois moins que le corps placé à un pied; à trois pieds, l'effet calorifique serait dans les rapports de 1 à 9.

D'après cette loi, il est facile de comprendre la raison pour laquelle les objets placés immédiatement dans un foyer auprès duquel nous nous tenons, sont subitement élevés à un degré de température que nous ne pouvons supporter.

Caractères principaux du calorique.

Le calorique fait partie constituante de tous les corps; ses caractères principaux sont: 1° de se mouvoir sous la forme de rayons, lorsqu'il est libre; 2° de produire, par son accumulation sur tous les corps, une dilatation plus ou moins sensible, suivie quelquefois de décomposition; 3° d'agir par conséquent en sens contraire de l'attraction; 4° de nous faire éprouver, lorsqu'il est en contact avec nos organes, une sensation particulière connue sous le nom de *chaleur*; 5° de déterminer, par sa soustraction, des effets inverses aux précédens, savoir, la contraction et le sentiment du froid.

I. *Le calorique se meut sous la forme de rayons, lorsqu'il est libre.* Par exemple, si l'on place à cinq ou six pieds l'un de l'autre deux miroirs concaves de cuivre *A* et *B*, dont la concavité soit parfaitement polie et dont les parties concaves soient en regard, on remarque, si les axes se confondent, qu'un morceau d'amadou placé au foyer du miroir *B* s'allume presque aussitôt après qu'on a rempli de charbons incandescens[1] un réchaud placé au foyer du miroir *A*. Ce fait ne peut s'expliquer que par l'une de ces deux hypothèses : ou le calorique émané des charbons rouges disposés dans le foyer du miroir *A* se communique de proche en proche jusqu'à l'amadou, par le moyen des couches intermédiaires, ou bien, sous la forme de rayons, il s'élance de ces mêmes charbons sur le miroir *A*, qui le réfléchit et le renvoie sur le miroir *B*, d'où il est de nouveau réfléchi pour se porter au foyer où se trouve l'amadou. La première de ces hypothèses n'est pas admissible; car des points intermédiaires, beaucoup plus rapprochés des charbons incandescens que le foyer du miroir *B*, ne sont pas à beaucoup près aussi chauds que l'est le foyer, ce qui devrait être selon cette hypothèse. Nous devons donc embrasser la seconde, celle qui suppose le rayonnement du calorique.

Le calorique rayonne de la même manière, soit qu'il vienne du soleil, soit qu'il émane de matières combustibles embrasées, ou d'un liquide échauffé.

L'époque à laquelle cette importante propriété du calorique fut entièrement connue, est d'une date très récente, bien que Mariotte, dès l'année 1682, en ait eu

(1) L'*incandescence* est l'état d'un corps pénétré de feu jusqu'à devenir blanc.

quelque idée. Néanmoins c'est à Scheele qu'on doit les premières expériences du calorique rayonnant, ou s'échappant, comme la lumière, en rayons; le premier il remarqua que ce calorique traverse l'air sans l'échauffer, et que sa direction n'est pas changée par un courant d'air.

II. *Le calorique produit, par son accumulation sur tous les corps organiques et inorganiques, une dilatation plus ou moins sensible.* A mesure que le calorique s'accumule dans un corps, il en disjoint les particules, et augmente en général leur volume.

Si l'on prend une boule métallique et qu'on la fasse rougir, on remarquera qu'elle ne peut plus entrer dans un anneau où elle passait librement avant d'avoir été chauffée, et qu'elle pourra y entrer de nouveau dès qu'elle sera refroidie. Ainsi le calorique, en pénétrant dans les corps, y produit une augmentation de volume qu'on nomme *dilatation*; le phénomène contraire se manifeste quand il en sort, ce qui se nomme *contraction*.

Les exceptions à la loi d'expansion des corps par la chaleur paraissent venir de quelque changement dans leur constitution chimique, ou de ce qu'ils se cristallisent. Par exemple, l'argile se contracte par la chaleur, ce qui est dû à ce qu'elle laisse échapper son eau; le fer fondu se cristallise en se refroidissant, et prend de l'expansion. La glace est plus légère que l'eau; celle-ci se dilate un peu avant de se glacer.

Il est des solides qui, par l'accroissement de la chaleur, deviennent fluides ; les fluides deviennent gazeux ou fluides élastiques ; c'est ainsi que le calorique convertit la glace en eau et l'eau en vapeurs par une augmentation de chaleur.

Mais la force avec laquelle les métaux se dilatent par la chaleur et se contractent par le refroidissement, est capable de vaincre les plus grandes résistances. Il n'est pas inutile d'en rapporter des exemples dans un ouvrage principalement destiné à ceux qui s'occupent de la construction des bâtimens.

On fait le cercle de fer qui doit entourer la roue d'une voiture, d'un diamètre un peu moins grand que celui de cette roue elle-même ; et lorsqu'il a été agrandi par la chaleur qu'on lui communique, on le place sur la roue, puis on plonge le tout dans l'eau pour le refroidir. La contraction produite sur le métal resserre toutes les parties de la roue, et les assemble avec une très grande force.

M. Molard, ancien directeur du Musée des arts et métiers, a fait une ingénieuse application de la dilatation des métaux par la chaleur et de leur contraction par le refroidissement, pour prévenir la chute de l'une des galeries de cet établissement.

Les deux murs latéraux de cette galerie étaient sortis de leur aplomb par la poussée de la voûte qu'ils supportaient. M. Molard imagina de les réunir par des tirans en fer terminés par de forts boulons à écrous traversant les murs; en serrant les écrous, on pouvait retenir les murailles, mais non pas les faire revenir, quelle que fût la force ordinaire qu'on aurait employée. On fit rougir la moitié des tirans en même temps; ils s'alongèrent par la dilatation, et l'on put alors serrer les écrous; le retrait occasionné par le refroidissement rendit aux murs une partie de leur aplomb; et cette manœuvre, plusieurs fois réitérée, réussit à les redresser entièrement.

III. *Le calorique agit en sens inverse de l'attraction.* Il suffit du plus léger raisonnement pour en être convaincu. L'attraction est une force qui tend sans cesse à rapprocher les molécules des corps; le calorique, au contraire, cherche constamment à les séparer, et balance ainsi plus ou moins les effets de l'attraction moléculaire : c'est du rapport qui existe entre ces deux forces que dépendent les états solide, liquide et gazeux, sous lesquels tous les corps se présentent.

IV. *Le calorique nous fait éprouver, lorsqu'il est en contact avec nos organes, une sensation particulière connue sous le nom de chaleur.* Quand nous touchons de la main un corps dont la température est supérieure à la nôtre, le calorique, qui tend sans cesse à se mettre en équilibre, passe de ce corps dans notre main et nous fait éprouver la sensation de chaleur.

V. *Le calorique détermine, par sa soustraction,*

des effets directement opposés aux précédens, savoir, la contraction et le sentiment du froid. Nous venons de voir qu'un corps se dilate, lorsque, conservant la même quantité de matière propre qu'il avait auparavant, il acquiert un plus grand volume. Un corps, au contraire, se contracte ou se comprime, lorsque, sous un plus petit volume, il ne perd rien de sa matière propre. Ainsi que le calorique, en entrant dans les corps, y produit une augmentation de volume, de même le phénomène contraire se manifeste lorsqu'il en sort, ce qui se nomme *contraction;* et si quelques corps font exception, ils sont en très petit nombre. Ces effets sont prouvés par toutes les expériences qui précèdent.

Quelques physiciens pensent devoir attribuer le sentiment du froid à un fluide particulier qu'ils nomment *frigorifique*, plutôt qu'à l'absence du calorique : nous admettons, au contraire, cette dernière hypothèse, parce qu'elle rend raison de tous les phénomènes, et qu'elle nous dispense d'adopter sans nécessité l'existence d'un nouveau fluide impondérable [1].

Le froid est cette sensation particulière qu'éprouvent nos organes, lorsque, par une cause quelconque, on soustrait une partie du calorique qu'ils contien-

(1) On nomme *impondérables*, c'est-à-dire, *qu'on ne peut peser,* les corps dont la présence est manifeste, mais qui, n'étant point perceptibles, ne peuvent être étudiés que par leurs effets sur d'autres corps : tels sont le calorique, la lumière, le fluide électrique.

nent. Si nous touchons un corps d'une température inférieure à la nôtre, nous ressentons du froid; mais comme il y a toujours du calorique dans les corps, les expressions de chaud et froid ne sont que relatives, et expriment la sensation produite par la différence de température des parties vivantes et des corps qui sont en contact avec elles. Ces deux effets se produisent avec d'autant plus ou moins de promptitude et d'intensité que le corps avec lequel nous sommes en contact est plus ou moins bon conducteur de la chaleur.

Propriété des corps à l'égard du calorique. Les corps ont, par rapport au calorique, des facultés distinctes, qui sont : celle de ne pas se laisser pénétrer avec la même facilité par le calorique; la propriété conductrice; le pouvoir émissif; le pouvoir absorbant, et le pouvoir réfléchissant.

On ne peut enfermer le calorique, car il pénètre tous les corps; mais il ne passe pas avec une égale facilité au travers de tous. La force avec laquelle il tend à s'échapper d'un corps se nomme *tension*.

La quantité de chaleur qui passe d'un corps à un autre, ou bien au travers d'un corps, dépend de plusieurs causes : 1° la densité, la nature et la température du corps d'où elle s'échappe; 2° la densité, la nature et la température du corps où elle pénètre; 3° l'état des surfaces de ces deux corps.

Propriété conductrice. Des corps de diverse nature ne s'échauffent pas avec la même promptitude;

n dit alors qu'ils sont plus ou moins bons conduceurs du calorique. Ils s'échauffent d'autant plus vite qu'ils sont meilleurs conducteurs, qu'ils ont moins le capacité pour le calorique, et *vice versâ*. Les orps solides sont meilleurs conducteurs que les fluides, t ceux-ci meilleurs conducteurs que les gaz.

Cette théorie, des plus importantes, puisqu'elle ert à indiquer le choix qu'il faut faire des matériaux t les précautions à prendre lors de la construction les différens appareils, est développée au chapitre V.

Qu'on me pardonne d'insister sur l'obligation de 'occuper des théories : le motif est excusable ; c'est ux théories que je dois de pouvoir rapporter à des rincipes aujourd'hui consacrés la plupart des effets roduits. N'est-il donc pas évident que, pour procéler avec connaissance de cause à la construction d'un ppareil quelconque de chauffage, il faut avant tout onnaître l'essence et les propriétés des corps? Serait-l indifférent d'employer ceux qui sont de nature à se aisser facilement pénétrer par la chaleur, pour des onduits destinés, par exemple, à transmettre cette chaleur plus loin, au risque de la voir se dissiper en hemin; et de faire usage, pour des conduits dont l'objet est de communiquer directement la chaleur au travers de leurs parois, de corps qui n'offrent au calorique qu'un difficile accès, ou dont l'état de la surface ralentirait l'intromission?

Pouvoir émissif. On nomme ainsi le pouvoir qu'a

un corps d'émettre plus ou moins de chaleur, e
égard à sa température.

Les corps émettent la chaleur à toutes les temp
ratures; ils se l'envoient mutuellement, de même qu
les corps lumineux se communiquent leur lumière.

La température d'un corps, en augmentant, accroî
la quantité de calorique émise : le pouvoir émissi
n'est pas augmenté pour cela; mais on suppose, dan
la pratique, qu'un corps émet une quantité de calo
rique proportionnelle à sa température.

Le même corps porté à la même température n'é
met pas toujours la même quantité de chaleur; moin
il émet de chaleur (c'est-à-dire, moins il communiqu
de celle qu'il contient), et plus il est propre à la ré
fléchir. Ainsi le pouvoir émissif du fer poli est faible
tandis que son pouvoir réfléchissant est considérable
c'est le contraire pour le fer rouillé.

Pouvoir absorbant. C'est une faculté propre au
corps d'absorber une plus ou moins grande quantit
du calorique qui vient les frapper.

Un corps n'absorbe que la chaleur qu'il ne réfléchi
pas, et l'un de ces pouvoirs diminue à mesure qu
l'autre augmente. Le calorique que les corps absor
bent prend le nom de *calorique combiné*.

Les chimistes ont observé que les différens corp
absorbent, pour élever leur température d'un même
nombre de degrés, des quantités de chaleur inégales
ces corps ont donc une capacité différente pour la

chaleur, ou enfin chacun d'eux a une capacité particulière. C'est ce qu'on entend par *capacité* pour le calorique, ou *chaleur spécifique*.

C'est à Black que l'on doit l'idée de la chaleur spécifique des corps. Le premier il observa que les différens corps absorbent des quantités différentes de chaleur, lorsque leur température s'élève d'un même nombre de degrés.

Pouvoir réfléchissant. Le pouvoir réfléchissant est celui qu'ont les corps de renvoyer une partie de la chaleur qui vient les frapper. Toute la chaleur qui vient toucher une surface est ou absorbée ou réfléchie; par conséquent, plus il y en a d'absorbée, moins il y en a de réfléchie, et réciproquement.

On peut distinguer deux sortes de réflecteurs : les corps polis, qui renvoient la chaleur régulièrement sous un angle égal à celui sous lequel elle est venue, et les corps de couleur blanche ou claire, qui la réfléchissent dans toutes les directions.

L'expérience prouve que le pouvoir *absorbant* et le pouvoir *émissif* augmentent en même temps, de sorte que les meilleurs réflecteurs émettent et absorbent fort peu de calorique.

Plusieurs causes peuvent augmenter ou diminuer ces facultés ou leurs effets; les principales seront déduites au paragraphe suivant, et nous trouverons les autres dans le cours de l'ouvrage.

Effets du calorique sur les corps qui sont à une certaine distance du foyer d'où il émane.

Le calorique, ainsi que nous l'avons dit précédemment, passe souvent d'un corps dans un autre; il s'élance de l'un à la manière de la lumière, franchit l'espace en un très court instant, va frapper un autre corps dans lequel il pénètre quelquefois, mais qui d'autres fois le renvoie. Nous allons examiner, 1° la manière dont le calorique lancé par le foyer chaud se comporte dans l'air, jusqu'à ce qu'il arrive près de la surface des corps; 2° les phénomènes qu'il présente par son action dans l'état poli ou raboteux de cette surface; 3° l'influence qu'exerce la couleur de celle-ci; 4° si les rayons calorifiques sont gênés dans leur marche par un courant d'air.

I. *Le calorique est lancé par le foyer chaud*, sous la forme de rayons qui traversent l'air avec beaucoup de vitesse, sans se combiner avec lui sensiblement. Si le foyer est incandescent, rouge, les rayons calorifiques sont mêlés avec les rayons lumineux; dans le cas contraire, l'action seule des rayons calorifiques a lieu. Cependant les couches d'air qui entourent immédiatement le foyer, s'échauffent, se dilatent, s'élèvent, et communiquent ainsi, de proche en proche, une portion de leur calorique à d'autres couches; au bout d'un certain temps, toute la masse d'air qui se trouve entre le foyer et les corps que nous supposons placés à une certaine distance, est échauffée. Mais cet effet ne s'opère que lentement; et l'on peut affirmer que l'élévation de température des corps éloignés du foyer doit être principalement attribuée aux rayons calorifiques lancés par le foyer.

Dufay fit voir en 1726 qu'on pouvait enflammer les corps combustibles à plus de 50 pieds de distance; que la chaleur franchissait cet intervalle dans un instant inappréciable.

II. *Etat poli ou raboteux de la surface.* Le calorique rayonnant est susceptible de se réfléchir aussitôt qu'il arrive sur la surface de certains corps, principalement de ceux qui sont polis; alors il ne se combine pas avec eux: si la surface des corps est raboteuse, le calorique, loin d'être réfléchi par elle, est absorbé.

Lorsque le calorique rayonnant vient frapper un corps poli, il se replie sur lui-même; c'est ce qu'on désigne sous le nom de *réflexion*. La chaleur rayonnante se réfléchit comme la lumière, en faisant l'angle d'incidence égal à l'angle de réflexion. On dit qu'un rayon de chaleur se réfléchit, quand, après la rencontre d'une surface, il se replie vers le milieu qu'il avait déjà traversé. On appelle *angle d'incidence* l'angle formé par la première direction du rayon de chaleur avec la surface, et *angle de réflexion*, celui que forme un rayon réfléchi avec la même surface. L'expérience prouve que ces deux angles sont égaux et placés dans le même plan perpendiculaire à la surface de réflexion.

Il existe des corps doués à un très haut degré de la faculté de réfléchir les rayons calorifiques ; ces corps, dès l'approche de ces rayons, les rejettent en quelque sorte, ne s'échauffent pas du tout ou s'échauffent à peine : les métaux polis sont éminemment dans ce cas.

C'est à Scheele que l'on doit les premières observations qui démontrent l'influence de l'état de la surface relativement au pouvoir réfléchissant des corps. Ce chimiste, ayant exposé un miroir métallique et poli en face de l'ouverture d'un poêle dans lequel le bois brûlait avec activité, observa qu'il réfléchissait toute la chaleur qui arrivait sur sa surface, puisqu'il ne s'échauffait pas sensiblement. Si l'on enduisait la surface de noir de fumée, il s'échauffait au point qu'on ne pouvait plus tenir impunément la main sur sa partie convexe.

III. *Influence qu'exerce la couleur de la surface.* On observe encore une très grande force réfléchissante parmi les corps blancs ou de couleurs claires. Franklin étala sur la surface de la neige quatre morceaux de drap de dimensions égales, mais de couleurs différentes ; l'un était blanc, les autres brun, bleu et noir : le premier, doué d'une grand force réfléchissante, absorba à peine des rayons calorifiques, ne s'échauffa que très peu, et resta à la surface de la neige; tandis que les autres, principalement le morceau noir, absorbèrent du calorique, fondirent la neige, et s'enfoncèrent beaucoup au-dessous de sa surface. M. H. Davy varia cette expérience, en substituant aux morceaux de drap six feuilles de cuivre différemment colorées, et il obtint des résultats analogues.

Le calorique rayonnant est donc réfléchi par les corps blancs, opaques et polis, et ne les pénètre pas ou les pénètre difficilement. Si les surfaces sont ternes, noires et raboteuses, il est absorbé, il échauffe les corps.

IV. *Si les rayons calorifiques sont gênés dans leur marche par un courant d'air.* La marche des rayons calorifiques n'est pas gênée dans son mouvement par un courant d'air : en effet, Scheele observa que la combustion du soufre placé au foyer d'un miroir, à quelque distance d'un poêle, avait constamment lieu, quelles que fussent l'intensité et la direction du vent, pourvu que la porte du poêle allumé qui devait fournir le calorique rayonnant fût ouverte.

Cette dernière expérience et celles qui précèdent nous prouvent donc que l'air ne met point d'obstacle au passage de la chaleur; qu'il est traversé rapidement par les rayons émanés des différens corps. Mais, dans ce trajet, une partie des rayons calorifiques s'affaiblit dans l'air en l'échauffant; et cette perte est d'autant plus considérable, que la température du milieu et celle des corps environnans sont plus basses.

Inductions que l'on peut commencer à tirer de ces propositions.

On doit entrevoir que toutes ces définitions ne sont pas un vain étalage de doctrines abstraites; qu'elles se rapportent toutes à notre sujet, et sont nécessaires pour l'explication des effets produits journellement; que ces développemens sont en quelque sorte la base des principes qui doivent diriger dans l'espèce de constructions que nous avons entrepris de détailler.

L'art de faire de bons appareils de chauffage repose en entier sur ce que nous avons établi. « En effet, « dit M. Orfila [1], une cheminée remplira d'autant « mieux son but, toutes choses égales d'ailleurs, qu'elle « enverra, dans un temps donné, une plus grande « quantité de calorique à la personne qui se chauffe: « or, on peut disposer cette cheminée de manière à « offrir une plaque métallique parfaitement polie, « d'une couleur blanchâtre, inclinée de manière à pou- « voir réfléchir la plus grande quantité de calorique « possible; alors la personne recevra non-seulement « les rayons directement lancés par le foyer enflammé, « mais encore beaucoup d'autres qui auraient été « perdus pour elle, et qui, au moyen de cette dispo-

(1) *Élémens de Chimie*; Paris. 1824.

« sition très favorable, seront réfléchis de son côté.
« Les bonnes cheminées doivent encore remplir deux
« conditions : celle de ne pas fumer, et celle de chauf-
« fer le plus également possible. »

Quand il en sera temps, nous reviendrons sur ce sujet. Disons seulement que le calorique peut être réuni dans des foyers où, suivant la nature et la forme des parois, il acquiert une grande intensité par sa concentration, comme il arrive au foyer ou au centre d'une concavité parabolique, elliptique, sphérique. Nous dirons aussi que si ces foyers sont construits de matériaux qui réfléchissent parfaitement la chaleur, ils seront des plus ardens, et que leurs parois ne s'échaufferont que faiblement ; par conséquent, qu'ils produiront tout l'effet calorifique dont ils sont respectivement susceptibles.

SECTION III.

Nature et propriétés des gaz.

Avant de passer au phénomène de la combustion, je dois faire connaître les gaz qui servent à l'alimenter, et les principaux de ceux que produisent les matières inflammables, enfin dire comment ils se trouvent combinés dans les corps et quelles sont leurs propriétés ; connaissances d'autant plus essentielles, que, parmi ces gaz, les uns sont parties constituantes de l'air atmosphérique, sans le concours duquel les substances combustibles ne peuvent brûler, et que les autres, c'est-à-dire ceux qui se dégagent de ces mêmes substances, jouent un rôle plus ou moins important dans les effets et le produit de la combustion.

« Le nom de *gaz*, dont on ne connaît pas bien « l'étymologie, a d'abord été donné par Van-Helmont au fluide élastique qui se dégage de la fer« mentation vineuse, c'est-à-dire, à l'acide carbonique. « Il a été ensuite appliqué, comme dénomination gé« nérique, à tous les fluides élastiques permanens, « c'est-à-dire, qui conservent leur état élastique à « toutes les températures. C'est cette permanence de « la fluidité élastique des gaz qui les fait différer « des vapeurs. En effet, celles-ci ne conservent leur « état aériforme qu'à une température plus ou moins « élevée, et prennent l'état liquide, ou même l'état « solide, par l'action du froid, par exemple à zéro, « ou à quelques degrés au-dessous.

« Quoique les gaz conservent leur état aériforme « à toutes les températures, c'est à la force expansive « du calorique qu'est dû l'état gazeux; de manière « qu'on peut considérer les gaz comme des corps « maintenus à l'état aériforme par leur combinaison « avec le calorique.

« Les gaz ont beaucoup de propriétés communes « avec l'air atmosphérique, qui lui-même, comme « nous l'avons vu, est un composé gazeux. Ainsi ils

« sont tous pondérables [1] ; leur élasticité est, comme « celle de l'air, en raison de la force qui les comprime « et de leur température. Ils sont indéfiniment com- « pressibles et dilatables; ainsi les variations de vo- « lume qu'ils peuvent éprouver n'ont pas de bornes. « Tous dégagent du calorique par la compression; « ils suivent tous la même loi dans leur dilata- « tion [2]. »

D'après des expériences récentes, la distinction des fluides élastiques n'est plus exacte qu'en certaines limites. Des gaz considérés jusqu'à présent comme *gaz permanens* deviennent liquides par de fortes compressions ou par de grands froids; tels sont l'acide carbonique, l'acide sulfureux, etc.

L'air atmosphérique, le gaz hydrogène, n'ont pas encore été liquéfiés; mais il est très probable qu'on y parviendra. Quoi qu'il en soit, la distinction peut être admise dans les circonstances ordinaires.

Les gaz ont, comme les vapeurs, une très grande capacité pour le calorique; aussi la combustion des corps gazeux produit une chaleur beaucoup plus élevée que celle des corps solides. Lorque les gaz passent à l'état solide ou à l'état liquide, la chaleur latente qui devient sensible est considérable.

Tous les gaz sont absorbés par la chaleur; tous sont moins bons conducteurs du calorique que les

(1) *Pondérable*, qui peut être pesé, dont on peut saisir la composition.
(2) *Dictionnaire des Sciences médicales.*

liquides, comme l'ont prouvé MM. de Rumfort et Leslie.

Oxigène, air vital des anciens. L'oxigène est un corps gazeux jouissant de toutes les propriétés de l'air atmosphérique, et un peu plus pesant que lui; il fut découvert par Priestley en 1774.

Le gaz oxigène est, parmi les corps simples, celui qui est le plus généralement répandu dans la nature; il jouit de la propriété remarquable de se combiner avec une multitude de corps, d'en changer la nature; et tous ces corps portent alors le nom de *combustibles*.

Différentes expériences exactes ont prouvé que le gaz oxigène contribue essentiellement à brûler les corps; que la combustion du bois, des charbons, du gaz hydrogène carboné, n'est autre chose que la combinaison du gaz oxigène de l'air avec l'hydrogène et le carbone de ces matières.

D'autres expériences ont démontré que les principes de ce produit ont une singulière tendance à se combiner avec le calorique. Si l'on remplit un tube de gaz oxigène, et qu'on y plonge une bougie allumée, la flamme de la bougie, au moment de l'immersion, s'agrandit, et la lumière qu'elle répand acquiert tant de force et de vivacité, que l'œil a de la peine à en soutenir l'éclat. La chaleur produite dans ces circonstances a aussi beaucoup d'intensité.

C'est à raison de cette disposition du gaz oxigène

qu'on peut augmenter de beaucoup l'intensité de la chaleur, puisque, avec un courant de ce gaz, on peut déterminer la fusion des métaux les plus réfractaires.

Azote, qui prive de la vie, qui n'est pas propre à la vie. Le gaz azote est incolore, transparent, inodore, plus léger que l'air atmosphérique. Il entre dans la composition de la plupart des matières animales et d'un très grand nombre de substances végétales. C'est Rutherford qui le premier aperçut le gaz azote en 1772.

Dans une circonstance ordinaire, le gaz azote ne peut brûler, et il a la propriété d'éteindre instantanément les corps en combustion qu'on y plonge. Il n'est que dilaté par le calorique, soit à froid, soit à chaud : il ne se combine pas avec l'oxigène; il ne fait que s'y mêler en toutes proportions.

Carbone. Le carbone est regardé comme la matière pure du charbon : il n'a jamais pu être fondu; mais il s'élève en vapeur à une haute température. Le charbon a la propriété singulière d'absorber plusieurs fois son volume de fluides élastiques que la chaleur peut en chasser.

Le carbone est très répandu dans la nature. Tantôt on le trouve pur; tantôt il est uni à d'autres principes, comme dans toutes les substances végétales et animales, dans le charbon ordinaire, etc. Il existe souvent dans l'atmosphère, combiné avec l'oxigène ou avec l'hydrogène : il prend alors la dénomination d'hydrogène carboné, d'oxide de carbone; et cette combinaison est des plus inflammables. Enfin, il existe à l'état de gaz acide carbonique.

Gaz acide carbonique. On le rencontre dans la nature en grande abondance : on le trouve à l'état gazeux, dissous dans l'eau, dans l'air atmosphérique, et combiné avec divers oxides. Il est produit journellement par la décomposition des matières végétales et animales, par la respiration, par la fermentation, etc. Lavoisier fut le premier qui prouva que le gaz acide carbonique est composé de gaz oxigène, ayant dissous du charbon.

L'acide carbonique est toujours à l'état de gaz; il est invisible, élastique, plus pesant que l'air atmosphérique; sa saveur est légèrement aigre et son odeur piquante. Il éteint les corps en combustion qu'on y plonge.

Pour le démontrer, on prend trois tubes de verre d'une certaine hauteur; on remplit le premier d'air atmosphérique, le second de gaz acide carbonique, le troisième de gaz oxigène. On plonge successivement et avec promptitude une bougie allumée dans ces trois tubes, en commencant par celui qui est rempli d'air commun, ensuite par le tube rempli de gaz acide carbonique, enfin par celui qui contient le gaz oxigène.

Dans le tube rempli d'air atmosphérique, la bougie brûle avec son éclat ordinaire; elle s'éteint subitement dans le tube rempli de gaz acide carbonique, et se rallume ensuite dans le tube qui contient le gaz oxigène, en répandant une clarté éblouissante, pourvu que la mèche présente encore quelques points en ignition [1].

Cette expérience offre la confirmation de cette vérité déjà établie, savoir, que le gaz oxigène est beaucoup plus propre à la combustion que l'air atmosphérique, et enfin la preuve la plus complète que les corps enflammés ne sauraient brûler dans le gaz acide carbonique.

Hydrogène, principe générateur de l'eau. Lorsque les fondateurs du nouveau système chimique conçurent l'heureuse idée de substituer aux anciennes expressions un langage approprié aux besoins de la science, ils donnèrent ce nom au fluide aériforme, que les anciens chimistes appelaient *air inflammable*, et l'on appela *gaz hydrogène* la combinaison de ce principe avec le calorique.

L'hydrogène existe dans la nature comme partie constituante de l'eau, et il entre dans la composition de toutes les matières animales et végétales; il se sépare naturellement, à l'état gazeux, de quelques-unes de ces dernières substances livrées à la décomposition spontanée; il se dégage aussi du sein de la terre en quantités très considérables dans diverses contrées;

(1) *Ignition*, état d'un corps pénétré par le feu.

mais le gaz hydrogène qui se sépare ainsi spontanément n'est jamais pur.

L'hydrogène a une telle affinité avec le calorique, qu'à moins qu'il ne soit engagé dans une combinaison, il est toujours dans l'état aériforme ou de gaz, au degré de pression et de température dans lequel nous vivons. Il est incolore et beaucoup moins pesant que l'air atmosphérique. Il ne se combine pas avec le gaz oxigène à la température ordinaire; ces deux gaz peuvent même, à cette température, rester en contact pendant un temps indéfini sans agir l'un sur l'autre: mais comme ils peuvent s'unir à une chaleur rouge, il suffit, dans cette circonstance, de présenter un corps enflammé au gaz hydrogène pour qu'il s'allume.

Le gaz hydrogène brûle plus ou moins tranquillement sans bruit, avec une flamme blanche, lorsqu'il est très pur. Cependant ce gaz n'est pas propre à alimenter la combustion: l'expérience va le démontrer. Après avoir fait passer du gaz hydrogène dans une cloche remplie de mercure, on y introduit une petite capsule dans laquelle on a mis de l'amadou et un peu de phosphore; on porte sur le phosphore, en le passant au travers du mercure, un fer recourbé que l'on fait rougir au feu; le phosphore touché par le fer chaud se fond à l'instant, mais il n'y a aucune inflammation.

La combinaison de l'hydrogène avec le carbone se

comporte différemment : s'il est en contact avec l'air atmosphérique, il suffit de lui présenter une bougie allumée pour qu'il s'allume ; l'inflammation est subite et accompagnée d'un petit bruit semblable au claquement d'un fouet.

Cette propriété du gaz hydrogène carboné l'a fait employer de nos jours pour l'éclairage. Les premières expériences en furent faites sur la fin du dernier siècle par M. Lebon, ingénieur, dans le jardin d'une propriété située à Paris, où chacun pouvait aller juger de l'effet de cette nouvelle manière d'éclairer.

Lebon obtenait le gaz combustible en distillant du bois en vases clos. Son appareil, qu'il désignait sous le nom de *thermo-lampe*, fournissait en même temps du gaz pour l'éclairage, du charbon de bois, et la chaleur nécessaire au chauffage des étuves, des appartemens. Mais comme le gaz qu'il obtenait n'était pas assez chargé de carbone, il donnait peu de lumière, et le thermo-lampe n'eut point de succès.

Lebon avait indiqué la houille comme devant fournir un meilleur gaz que le bois ; mais ce fut en Angleterre que l'on fit les premiers essais de l'éclairage en grand au moyen du gaz extrait de la nouvelle manière.

Eau. L'eau était rangée par les anciens parmi les élémens ; sa composition fut pressentie par Macquer, Sigaud de Lafond, Priestley, etc., et fut mise hors de doute, en 1781, par Cavendish, qui le premier en obtint une quantité notable, en faisant détonner un mélange de gaz oxigène et de gaz hydrogène, et qui conclut positivement que l'eau n'était point un élément, comme on l'avait cru jusqu'alors. Lavoisier et Meunier mirent le sceau à cette découverte en 1785, et trouvèrent que l'eau contient deux proportions d'hydrogène et une d'oxigène.

L'eau se trouve à l'état de vapeur dans l'atmosphère; la quantité de cette vapeur varie suivant la température, les lieux, etc.; et c'est à l'aide de ces variations que l'on peut se rendre raison de la plupart des météores aqueux, tels que les brouillards, la rosée, la pluie, la neige et la grêle. Elle est encore plus abondante à l'état liquide, puisqu'elle recouvre une assez grande partie de la surface du globe, et qu'elle se trouve combinée en plus ou moins grande quantité dans toutes les substances combustibles.

La pesanteur de l'eau est 781 fois plus considérable que celle de l'air. L'eau n'est pas bon conducteur du calorique.

Quand on chauffe l'eau, elle se dilate comme les autres liquides; et lorsqu'elle est parvenue à 100° centigrades, la pression de l'air étant à 76 centimètres environ, elle passe rapidement à l'état de vapeur, sans se décomposer, et son volume devient 1698 fois plus grand qu'à l'état liquide. A cette pression de l'atmosphère, la température de l'eau ne peut pas être élevée au-dessus du point de l'ébullition, quel que soit le degré de chaleur du fourneau sur lequel elle est placée: tout le calorique alors est employé à transformer l'eau en vapeur; il se combine avec elle, et devient *latent*, ainsi que nous l'avons vu pour les corps en général.

Mais lorsqu'on soumet ce liquide à une plus grande pression, en le renfermant dans un vase sans ouverture, sa température peut s'élever à un très haut degré; et si l'excès du calorique n'est pas suffisant pour convertir toute l'eau en vapeur, toute la vapeur formée se précipitera dehors au moment où l'on ouvrira le vase, et le reste du liquide sera à la température de l'eau bouillante.

Le docteur Ure remarque que c'est à la capacité supérieure que la vapeur offre au calorique qu'est dû l'état stationnaire de l'eau bouillante, à la température de l'ébullition, dans des vaisseaux ouverts et sur le feu le plus ardent.

Nous bornerons là ces notions sur la vapeur et ses effets, réservant de nous étendre sur ce sujet au traité spécial du chauffage par la vapeur de l'eau.

SECTION IV.

Combustion.

« Dans la construction des appareils de chauffage, « il faut chercher à réunir tout ce qui tend à augmen- « ter l'effet du combustible, et à éviter, autant que

« possible, ce qui est capable de le diminuer. Mais si « l'on agissait sans une connaissance préliminaire de « ce que c'est que la combustion, on ne pourrait rien « faire de bien, si ce n'est par hasard; ce serait ressembler à des marins qui vont se mettre en pleine « mer sans avoir de boussole, et l'on n'aurait pas un « espoir mieux fondé d'atteindre le but qu'on se pro- « posait [1]. »

Les phénomènes de la combustion, par leur importance et les circonstances qui les accompagnent ordinairement, ont à toutes les époques fixé l'attention. La chaleur et la lumière qui se développent dans la combustion d'un grand nombre de corps, la destruction apparente de la plupart des substances soumises à l'action du feu, avaient fait adopter sur cet important sujet des idées fausses. On crut d'abord que la chaleur, qui n'en est qu'une conséquence, en était l'unique agent. Plus tard Sthal imagina que tous les corps combustibles renferment un fluide particulier qu'il désigna sous le nom de *phlogistique*, qui se dégageait pendant la combustion, et qui produisait la chaleur et la lumière qui accompagnent ordinairement ce phénomène. Cette théorie eut, à la vérité, l'avantage de lier des faits naturels, qui jusqu'alors avaient été isolés; mais comme elle n'était pas fondée sur des faits observés, qu'elle était même en contradiction avec un grand nombre d'entre eux, elle eut le

(1) Tredgold.

sort de tous les systèmes qui ne sont que le fruit de l'imagination.

C'est à notre illustre Lavoisier qu'appartient la gloire d'avoir renversé le système du phlogistique, et d'avoir établi sur des expériences nombreuses la théorie de la combustion telle qu'elle est admise aujourd'hui par tous les physiciens et tous les chimistes.

La combustion, ou ce qu'on appelle vulgairement *faire du feu*, peut être envisagée comme un phénomène très général, qui entraîne nécessairement un dégagement de calorique et de lumière, et qui résulte de la combinaison de deux ou d'un plus grand nombre de corps entre eux, quelle que soit leur nature. S'il ne se dégage pas de calorique et de lumière, il n'y a pas de combustion dans le sens où nous l'entendons. Ainsi donc, toutes les fois que deux ou un plus grand nombre de corps se combinent et qu'il y a dégagement de calorique et de lumière, on doit dire qu'il s'est opéré une combustion; la nature des corps combinés importe peu.

La combustion est donc l'effet de la décomposition qui s'opère dans les corps inflammables, lorsqu'ils sont exposés à l'action du calorique dans des foyers, ou à l'air libre; en sorte que ces corps brûlent réellement, c'est-à-dire, essuient la destruction absolue de leurs principes constituans; alors le dégagement du calorique, qui concourait par une combinaison réelle à la formation des principes, produit la chaleur. La combustion du bois et des autres corps inflammables n'est autre chose qu'un phénomène de ce genre, dans lequel deux, trois, ou un plus grand nombre de corps s'unissent entre eux, et donnent naissance à divers composés.

Les notions que nous avons acquises sur les propriétés de l'air atmosphérique, le calorique et les gaz, nous permettent de poser en principe ce qui suit.

Il n'y a jamais de combustion sans oxigène; dans le cas dont il s'agit, l'air atmosphérique fournit l'oxigène nécessaire à la combustion; en vertu de la propriété rayonnante de la chaleur, la combustion lance et réfléchit des rayons calorifiques dans tous les sens.

Les corps combustibles que l'on brûle dans les foyers des appareils de chauffage, produisent de la chaleur en se décomposant, et l'intensité de cette chaleur est proportionnelle à la quantité de gaz oxigène que ces corps absorbent dans cette circonstance: ainsi la substance qui absorbe le plus de gaz oxigène pendant sa combustion, sera celle qui produira une plus forte chaleur. Les combustibles en général présentent les phénomènes suivans.

Flamme. La combinaison du carbone avec le gaz hydrogène, en diverses proportions, se rencontre fréquemment dans la nature sous différentes formes, solide, liquide et gazeuse. Ce sont les deux premiers principes qui forment la partie utile des combustibles, et leur combinaison gazeuse cause la flamme que l'on observe lorsqu'on brûle du bois, de la houille et autres matières inflammables.

Sir H. Davy, à qui nous sommes redevables des premières notions exactes sur la nature de la flamme, la définit en disant que c'est une matière aériforme ou gazeuse, chauffée au point d'être lumineuse. Les flammes sont coniques, ajoute-t-il, parce que la plus grande chaleur est au centre de la masse, et que l'air échauffé monte rapidement à travers l'air le plus froid.

La chaleur de la flamme est proportionnelle à la rapidité de la combustion et à la densité des gaz qui se combinent.

Fumée. La fumée est cette vapeur plus ou moins sensible et plus ou moins épaisse qui se dégage des corps en combustion de l'espèce de ceux qu'on brûle dans le foyer des appareils dont nous nous occupons; elle jouit des propriétés des gaz, et sa nature n'est pas différente de celle de la flamme, puisqu'on peut facilement la convertir en flamme, à certain degré de température, en lui présentant un corps enflammé. Prenez deux chandelles allumées, éteignez-en une, et présentez la flamme de l'autre à un pouce et demi ou deux pouces de distance de la mèche éteinte; aussitôt la fumée qui s'élève de celle-ci s'enflamme et la rallume. Cette expérience prouve que c'est réellement la combustion des gaz qui se dégagent des corps combustibles qui produit la flamme.

La quantité de gaz légers que dégage la combustion rend la fumée plus légère, accélère son déplacement et augmente le tirage; en même temps la quantité de flamme est plus grande; et si le courant d'air est dirigé de manière à porter la flamme sur les parois d'un foyer disposé à réfléchir la chaleur, on obtient plus promptement un plus grand effet du combustible.

Plus la fumée acquiert de chaleur dans sa formation, plus elle monte dans le tuyau; mais l'air qui se trouve uni à la fumée étant aussi échauffé, augmente conjointement avec elle la puissance nécessaire pour s'opposer à l'effet de l'air extérieur que des causes accidentelles peuvent faire entrer par la sommité du tuyau.

Produits et résidus de la combustion.

Produits. Le charbon de bois, de tourbe, et le coke très pur, ne sont composés que de carbone; la houille, le bois, la tourbe, renferment en outre de l'hydrogène.

Les produits qui se dégagent de ces matières à mesure qu'elles brûlent, sont des combinaisons d'oxigène avec l'hydrogène et le carbone qui les constituent en grande partie.

La quantité d'oxigène qui a été brûlée, produit exactement le même volume d'acide carbonique; ainsi la fumée de tous les combustibles contient beaucoup 'acide carbonique, qui, quoique bien plus lourd que air, s'élève dans l'atmosphère par la haute tempé- ature qu'il acquiert pendant la combustion; et l'hy- rogène produit de la vapeur d'eau qui se condense n grande partie par le refroidissement.

Résidus. Les combustibles que nous employons our le chauffage disparaissent par le fait même de combustion, ou du moins ne laissent que de faibles ésidus.

Dans la combustion du bois et des charbons, il e reste pour résidu que les matières étrangères aux rincipes d'inflammabilité qui y étaient contenus, atières que l'on connaît sous le nom de *cendres*, e *scories*, de *poussière.*

SECTION V.

Principales conditions et conséquences qui découlent des théories rapportées.

Conditions. 1° La combustion serait peu écono- ique, si la température du foyer n'était pas portée un degré propre à élever celle de ses produits au oint nécessaire pour qu'ils pussent décomposer l'air mosphérique et s'unir à son oxigène. Pour cet ef- t, il ne faut pas que les matières employées à la nstruction de l'appareil soient de nature à laisser ssiper la chaleur : les parois intérieures du foyer rtout doivent être composées des matériaux les plus réfractaires; et indépendamment de ces moyens d construction, il faut encore que le combustible soi en quantité suffisante dans le foyer.

2° L'air doit arriver immédiatement sur le com bustible, ou, ce qui serait mieux, le traverser, pou alimenter la combustion; s'il en arrivait trop dans l foyer, sans passer au travers du combustible, l'excé dant ne s'échaufferait pas au point convenable pou compléter la combustion, et ce qu'il entraînerait d chaleur serait une perte réelle pour l'opération.

3° Le combustible doit être le plus sec possible parce que l'eau qu'il contiendrait absorberait de trè grandes quantités de chaleur pour se réduire en va peur, sans utilité pour l'effet calorifique; ce qui a ét suffisamment démontré plus haut par la théorie d calorique latent.

Conséquences.

Il résulte de ce qui précède : 1° que la cha leur réside éminemment dans la combinaison d carbone qui constitue la partie solide des substan ces combustibles avec le gaz hydrogène et l'oxi gène; 2° que le moyen d'obtenir la chaleur la plu intense est de brûler les corps dans l'air le plus pur puisque dans cet état il contient plus d'oxigène 3° que le feu et la chaleur doivent être d'autant plu vifs, que l'air est plus condensé et que l'enveloppe d l'appareil est composée de matériaux mauvais con ducteurs du calorique; 4° que les courans d'air sont nécessaires pour déterminer, entretenir et hâter la combustion.

C'est sur ce dernier principe qu'est fondée la théorie des effets des lampes à double courant d'air. Le courant qui s'établit par le tuyau renouvelle l'air à chaque instant, et, en appliquant continuellement à la flamme une nouvelle quantité de gaz oxigène, on détermine une chaleur suffisante pour détruire la fumée.

Les effets du mouvement ascensionnel de la fumée et des courans qui se forment ou s'établissent dans les tuyaux d'écoulement, peuvent aussi se déduire : 1° de la pression des couches supérieures de l'air atmosphérique sur les couches inférieures; 2° de l'élasticité de l'air; 3° de sa dilatation par le calorique; 4° de la légèreté que l'air et les produits de la combustion acquièrent par l'effet de la dilatation; 5° de toutes les conséquences de la formation, de la décomposition et du dégagement des gaz, en général plus légers que l'air atmosphérique; 6° de la force expansive de l'eau en vapeur contenue dans l'air; 7° de la vaporisation de l'eau en combinaison avec le corps en combustion; 8° de la concentration du feu dans le foyer, concentration qui augmente son énergie.

Puisque tous ces moyens réunis ne suffisent pas toujours pour surmonter les causes accidentelles qui font refluer la fumée dans les appartemens, on doit moins être surpris de la difficulté qu'on rencontre quelquefois à les combattre victorieusement.

SECTION VI.

Notions supplémentaires.

Pour ne point interrompre la marche que j'ai adoptée, j'ajouterai, par forme d'*additions*, les théories établies par le calcul qui viennent confirmer ou éclairer les données de l'expérience; je rappellerai en note ou intercalerai en leur lieu les articles d'ouvrages nouveaux consultés dans l'intervalle de la mise au net de mon manuscrit et des dessins. C'est ainsi qu'en m'entourant d'autorités irrécusables, je pourrai parvenir à remplir l'engagement que j'ai contracté de réunir en un seul ouvrage tout ce qu'on a tenté ou écrit de mieux jusqu'à ce jour sur l'art de chauffer.

Nous avons vu que la chaleur et la lumière accompagnent toujours la combustion des substances employées pour le chauffage.

« Il paraît, dit M. Péclet [1], qu'en général la lu-
« mière ne commence à se manifester qu'autant que
« la température du corps est au moins à 500°. A cette
« température, la lumière est d'un rouge obscur, à
« peine visible; mais à mesure que la température
« augmente, la lumière prend plus d'éclat, et devient

(1) *Traité de la Chaleur,* par M. Péclet, ancien professeur des sciences physiques et de chimie appliquée aux arts; Paris, 1828.

« rouge-cerise; elle est presque complètement blanche, « à une température très élevée.

« Lorsqu'un combustible est solide, ce phénomène « n'a lieu qu'à sa surface, et cette surface seule est lu- « mineuse. L'air environnant, quoique soumis à une « température très élevée, n'est point lumineux, parce « que les gaz ne sont point susceptibles de le devenir « par une chaleur communiquée, quelque grande « qu'elle soit; ils ne le deviennent que quand ils sont « eux-mêmes combustibles et qu'ils brûlent. Ainsi le « charbon privé d'autres matières combustibles n'est « lumineux qu'à sa surface.

« Mais si le corps combustible est susceptible de se « réduire en vapeur à une température inférieure à « celle qui se développe dans la combustion, la com- « bustion aura lieu sur la vapeur elle-même. Le lieu « de la combustion sera un espace situé au-dessus du « combustible; car toutes ces vapeurs, à la tempéra- « ture élevée à laquelle elles se trouvent, sont plus lé- « gères que l'air. Cet espace lumineux aura une for- « me qui dépendra à la fois de la figure et de la vitesse « du courant de vapeur et du courant d'air.

« Si le corps combustible, au lieu de se réduire en « vapeurs, se décompose et dégage des gaz combus- « tibles, comme, par exemple, le bois, le charbon « de terre, les huiles, ces gaz en brûlant donneront « lieu au même phénomène. Le lieu de la combustion « d'un gaz est ce qu'on appelle *flamme*.

« Pour que la flamme d'un même gaz combustible « soit la plus brillante possible, il faut que sa tempé- « rature soit très élevée, et par conséquent que le « courant d'air qui alimente la combustion soit très « rapide; mais à mesure qu'elle augmente d'éclat, « elle perd en étendue; et comme cette diminution « est plus grande que l'augmentation d'éclat de cha- « que point, sa faculté éclairante diminue. Il y a dans « chaque cas particulier une vitesse du courant d'air « qui donne le *maximum* du pouvoir lumineux; c'est « celle qui amène sur la flamme une quantité d'air « seulement suffisante pour effectuer complètement « la combustion.

« Pour qu'une flamme soit très brillante, il faut « qu'elle renferme des matières solides d'une ma- « nière quelconque; il faut, ou qu'il y ait des corps « solides en permanence, ou que le gaz, avant de « brûler, en dépose. Toutes les combustions de gaz « qui ne satisfont pas à ces conditions, ont lieu « avec une faible lumière. Ainsi, la combustion de « l'hydrogène pur ou du soufre, donne une flamme « peu brillante, parce que le produit de la combus- « tion de l'hydrogène est de la vapeur d'eau, et que « celle du soufre est de l'acide sulfureux gazeux. Mais « les flammes du phosphore, de l'hydrogène carboné, « ont un grand éclat, parce que la combustion du « premier produit un corps solide, et que celle de « l'hydrogène carboné est précédée par un dépôt de « charbon.

« Lorsqu'on dirige un courant d'air sur une flamme, « ce courant produit deux effets opposés. L'air né- « cessaire à la combustion se renouvelant plus ra- « pidement, la flamme diminue de volume et aug- « mente d'éclat; mais, d'un autre côté, le courant « d'air entraînant de la chaleur par son passage, tend « à abaisser la température de la flamme, et par con- « séquent sa lumière. Ces deux effets ont toujours « lieu; mais le résultat, c'est-à-dire leur influence, « dépend du rapport entre la masse d'air et celle du « combustible. Quand le courant d'air est très petit « par rapport à la masse incandescente; l'effet est « toujours d'augmenter l'énergie de la combustion. « Si, par exemple, il était introduit par un tube d'un « très petit diamètre, la combustion recevrait une « grande activité : c'est ce qui a lieu, en effet, lors- « qu'on dirige sur une flamme un courant d'air à l'aide « d'un chalumeau. Quand le contraire a lieu, la « flamme diminue de volume, et finit par s'éteindre. »

Le dernier paragraphe est une explication exacte des effets de la combustion dans un foyer ouvert et un foyer fermé : par exemple, si l'air qui alimente la combustion dans le foyer d'un poêle est introduit par le registre, le tirage est très prononcé; qu'on ouvre la porte du foyer, on voit aussitôt l'activité de la combustion se ralentir.

CHAPITRE II.

CAUSES ACCIDENTELLES DU REFOULEMENT DE LA FUMÉE.

Les causes accidentelles dont l'effet est de mettre obstacle au mouvement ascensionnel de la fumée, mouvement naturel à tous les corps plus légers que l'air atmosphérique, sont de deux espèces, qui se divisent naturellement en causes accidentelles extérieures et en causes accidentelles intérieures. Elles agissent quelquefois isolément, ou bien une cause intérieure provoque une cause extérieure, et réciproquement; d'autres fois elles se compliquent, et bien souvent, soit qu'elles agissent ensemble ou séparément, elles font le tourment de ceux qui cherchent à y apporter un remède, surtout à l'égard des cheminées.

SECTION PREMIÈRE.

Causes extérieures.

Parmi ces causes, il faut placer en première ligne l'effet des vents qui agissent sur l'ouverture des tuyaux; et comme il suffit du plus petit changement de densité dans la partie d'une masse fluide pour y déterminer des courans, il s'ensuit que cet effet est extrêmement variable. La proximité de corps dominans, l'action du soleil, l'humidité de l'air, contribuent aussi à contrarier l'ascension de la fumée. Ces causes et quelques autres qui existent partout, dans les villes comme dans les campagnes, sont les plus rebelles à traiter; aussi les moyens ordinaires qui réussissent quelquefois dans les cantons de l'intérieur, sont-ils le plus souvent sans efficacité dans les cantons maritimes.

Nous avons vu que la sérénité du ciel, l'heure de la journée, la nuit, imprimant des différences à la température, il en résulte autant de variations dans les effets, et que l'eau se trouvant à l'état de vapeur dans l'atmosphère, la quantité de cette vapeur varie suivant la température, les lieux, etc. Il n'est pas facile de se rendre compte, d'une manière satisfaisante, de ces changemens si nombreux dans les effets de pression atmosphérique; mais le fait existe, il est incontestable: ainsi l'inconstance des causes accidentelles du refoulement de la fumée ne doit point paraître extraordinaire.

La terre a deux mouvemens, l'un de rotation, l'autre de translation. L'atmosphère qui environne la terre est entraînée avec elle dans chacun de ses mouvemens: lorsqu'elle se meut uniformément avec la terre, l'air est calme; si son mouvement est plus vif ou plus lent que celui de la terre, ou si l'air suit des directions différentes, on éprouve l'influence des vents. La mobilité extrême de l'air produit ces courans atmosphériques dont la puissance est très grande.

On donne le nom de vents irréguliers à ceux qui soufflent de différens côtés, sans observer ni époques, ni durée déterminée; ce sont les vents les plus ordinaires dans les zones tempérées. Il arrive assez communément que plusieurs de ces vents soufflent en même temps à des hauteurs différentes.

De même que l'eau qui coule dans un ruisseau, si l'on vient à y placer un obstacle, se resserre dans un lit moins large, prend une vitesse plus rapide après avoir ralenti sa marche; de même les vents, près de la surface d'un corps solide dominant, sont d'abord arrêtés par les irrégularités que ce corps présente; mais bientôt l'air condensé franchit ces obstacles, se répand avec vitesse dans tous les sens, empêche, par son mouvement accéléré et sa pesanteur, la fumée de sortir du tuyau, et peut même s'engouffrer dans celui qui serait à la proximité du corps dominant.

Les ouvriers praticiens désignent d'une manière ingénieuse les vents qui exercent une influence marquée sur le tirage des tuyaux; ils disent que les vents secs, tels que ceux du nord et du nord-est, passent horizontalement sur les tuyaux; mais que les vents humides sont lourds, agissent de haut en bas et entrent dans les tuyaux.

L'action du soleil contribue à empêcher la fumée

de sortir du tuyau, probablement parce qu'échauffant les parois et le dessus de ce tuyau par ses rayons directs, et ceux qui se trouvent réfléchis par les toits ajoutant à cette action, l'air environnant la sommité du tuyau en est plus dilaté; alors l'air atmosphérique trouvant moins de résistance, est déterminé à pénétrer dans le tuyau, si la force expansive du feu, le ressort de l'air qui l'alimente, et celui des produits de la combustion, ne sont point assez prononcés pour surmonter cette tendance.

Si la chaleur du feu contribue à faire monter la fumée, on peut croire que la vibration des rayons du soleil fait un effet contraire, ces rayons ayant une direction tout-à-fait opposée et agissant sur la fumée, qui est un corps indifférent à toute sorte de mouvemens.

SECTION II.

Causes intérieures.

Les causes accidentelles intérieures sont: 1° l'insuffisance de l'air nécessaire tant pour alimenter la combustion que pour former dans le foyer un volume capable, par sa masse, par le ressort et la vitesse qu'il acquiert en se raréfiant, d'entraîner avec lui la fumée, et de vaincre, conjointement avec elle, la pression de l'air atmosphérique et les effets des causes accidentelles extérieures; 2° les courans qui s'établissent par les ouvertures ou par leurs joints, et qui, au lieu de prendre la direction favorable à la combustion, sont attirés par une force plus puissante, et occasionnent un déplacement d'air au-devant du foyer : alors la colonne d'air atmosphérique qui pèse sur le tuyau, trouvant moins de résistance à la base, y pénètre, suit la direction du courant, et fait refluer la fumée dans les appartemens.

Les causes intérieures influent d'une manière remarquable sur la fumée, et tendent à déranger sa marche naturelle qui la fait s'élever dans le tuyau, tant que des causes perturbatrices ne la forcent pas à suivre une autre direction, ou ne lui enlèvent pas le principe qui fait son excès de légèreté; car la fumée est plus légère que l'air atmosphérique, et elle acquiert un degré de ressort qui augmente en raison de la quantité de chaleur avec laquelle elle se combine pendant sa formation.

Si les effets des causes accidentelles étaient constans, il y aurait possibilité de les combattre d'une manière victorieuse ; mais ils sont extrêmement variables et peuvent se compliquer; de là naissent les nombreux procédés essayés pour parer à tous les cas. Cependant, au moyen d'appareils convenablement disposés, on peut lutter avec avantage contre l'influence des vents sur le sommet des tuyaux, surtout quand la vitesse d'écoulement est très grande; et c'est ce qui arrive dans la plupart des appareils employés dans les usines. Mais il n'en est pas ainsi à l'égard des cheminées des habitations : aussi nous nous réservons de n'omettre, dans notre *Traité des Cheminées*, aucun des détails qui les concernent; nous nous bornerons, dans cette partie, à faire connaître les appareils qui sont généralement adoptés.

SECTION III.

Courans que détermine la combustion.

La combustion, dans le foyer d'un appareil de chauffage quelconque, détermine des courans dont le principal est indispensable pour l'alimenter elle-même.

L'air du foyer étant échauffé, devient d'une pesanteur spécifique moindre, et tend par conséquent à monter; il est remplacé par d'autre, qui, dans les appareils ordinaires, vient de la pièce où ils se trouvent, ce qui établit le courant. Quand il y aurait dans le foyer quelque ouverture latérale, il ne faut pas croire que la flamme ou la fumée sortirait par là, pourvu que le courant ne soit pas contrarié par quelque cause accidentelle; au contraire, l'air du foyer étant plus chaud, et par conséquent plus léger que l'air extérieur, celui-ci tendrait à se précipiter dans les ouvertures latérales, pour aller se combiner avec l'air qui a servi à alimenter la combustion.

Outre le courant d'air qui passe dans le foyer, il se forme dans la pièce d'autres courans ascendans, partant des corps échauffés, et qui vont circuler sur la surface des murs. On rend cet exemple sensible au moyen d'un petit moulinet léger que le courant fait tourner, lorsqu'on le fixe au-dessus du foyer.

Si l'appartement a quelques ouvertures qui communiquent au dehors, il s'établit aussitôt des courans par les interstices de ces ouvertures; l'air froid du dehors entre par ceux qui sont en bas, et l'air chaud sort par ceux qui sont plus haut. On peut rendre ces courans manifestes par l'expérience suivante: qu'on ouvre la porte communiquant de la pièce échauffée à un lieu quelconque qui ne le soit pas; si l'on place une bougie allumée vers le haut de la porte, on verra la flamme poussée au dehors; si au contraire on la place au bas, on la verra poussée en dedans, pourvu toutefois que des causes accidentelles ne se réunissent pas pour contrarier cette expérience.

SECTION ADDITIONNELLE[1].

Influence des vents sur l'extrémité supérieure de la cheminée.

Pour examiner complètement cette question, qui est d'une très grande importance, surtout quand le tirage est très faible, il faut considérer l'influence du vent dans toutes les directions possibles; c'est ce que nous allons faire.

(1) *Traité de la chaleur*. M. Péclet.

Supposons d'abord que le vent soit perpendiculaire à la direction de la cheminée, et par conséquent qu'il soit horizontal.

L'effet immédiat est de courber le courant de fumée, comme l'indique la *fig.* 1, *pl.* I. Dans cet état du courant, il faut examiner l'altération qu'ont éprouvée sa section transversale et sa vitesse. Or, la vitesse de translation verticale ne peut éprouver aucune altération par une force qui agit perpendiculairement; par conséquent, la dépense d'air chaud sera constante, si l'inclinaison du courant n'est pas assez grande pour diminuer le diamètre de la colonne d'air qui s'échappe. Dans ce dernier cas, il est évident que la dépense sera diminuée proportionnellement au rétrécissement de la section de la veine fluide; mais ce rétrécissement n'a jamais lieu que par des vents extrêmement violens, de sorte qu'en général on peut admettre qu'un vent horizontal n'altère pas la dépense d'une cheminée.

Quand le vent est dirigé verticalement de haut en bas, les deux courans se choquent à la manière des corps élastiques, et l'effet produit dépend de leur vitesse relative. Si les deux courans ont une vitesse égale, tous deux sont arrêtés; par conséquent, l'ascension de l'air dans la cheminée cesse complètement, et la fumée qui se dégage continuellement du combustible reflue dans l'appartement; si au contraire le vent a une vitesse plus grande que celle de la fumée, l'air extérieur s'introduira par le tuyau, et la fumée qui se trouvait dans le canal, celle qui se dégage du combustible, ainsi que l'air extérieur, sortiront par l'ouverture du foyer, et cela avec une vitesse d'autant plus grande que celle du vent était plus prononcée relativement à celle de la fumée dans un air calme. Il est évident que si la vitesse du vent était plus petite que celle de la fumée, la vitesse du courant de la fumée serait seulement ralentie.

Mais si l'on suppose que le vent soit dirigé de bas en haut, son influence sur la vitesse de dégagement de la fumée sera nulle, toutes les fois que la vitesse sera égale ou plus petite que celle de la fumée; et dans le cas contraire, elle sera toujours favorable; alors le vent accélérera la vitesse de la fumée.

La cause de cette influence du vent dirigé de bas en haut est facile à reconnaître. En effet, toutes les fois qu'un courant d'air frappe un obstacle *AB* (*fig.* 2), l'air qui est situé derrière est en partie entraîné ; il se forme alors derrière l'obstacle un vide, et un baromètre qui y serait placé descendrait d'une quantité notable. Cet effet étant indépendant de la forme et de l'épaisseur de la face opposée que l'air vient choquer, on conçoit que si l'obstacle avait la forme d'un cylindre, l'effet serait encore le même; et si ce cylindre était creux et laissait échapper un courant d'air dans la direction du vent, le courant d'air chaud recevrait une grande accélération, si la vitesse du vent était plus grande que celle de ce courant dans un air calme.

Les courans d'air ont rarement les directions que nous venons d'examiner; car ils ne sont presque jamais horizontaux ou verticaux; toujours ils ont une inclinaison plus ou moins prononcée avec l'horizon : mais il est facile de ramener ce cas général à ceux que nous avons examinés d'abord; car on peut considérer un courant incliné comme résultant de deux courans, l'un horizontal et l'autre vertical; et l'on peut facilement conclure de ce qui précède que l'influence du vent pourra être favorable quand il tendra à s'élever, et qu'elle sera toujours défavorable dans le cas contraire.

Il résulte de là, par conséquent, que l'influence des vents sur le tirage des cheminées est d'autant plus grande que ce tirage est plus petit, que la vitesse du vent est plus considérable, et que sa direction est plus inclinée à l'horizon de haut en bas : ainsi, dans toutes les constructions pyrotechniques, il faut toujours tâcher de donner au courant de fumée la plus grande vitesse possible à sa sortie dans l'air.

Mais on n'est pas toujours libre de lui en donner une suffisante pour qu'elle ne soit pas influencée par les vents dans les circonstances les plus ordinaires; car l'économie du combustible, et un grand nombre d'autres circonstances particulières, obligent souvent de ne laisser à la fumée qu'une faible vitesse. Dans ce cas, il est nécessaire d'armer les orifices supérieurs des cheminées de différens appareils destinés à détruire l'influence du vent, et même à utiliser pour le tirage cette influence.

Influence du vent sur les foyers.

Considérons le canal courbé à angle droit *ABC* (*fig.* 3), qui représente la disposition d'un foyer ordinaire avec sa cheminée. *A* est l'ouverture par laquelle entre l'air froid qui doit alimenter la combustion; *C* est celle de l'écoulement de la fumée.

Si nous supposons le canal rempli d'air froid à la température ordinaire et un vent horizontal perpendiculaire à la direction du tuyau *ABC*, il est évident que l'air renfermé dans le canal n'éprouvera aucun mouvement; mais si le courant est parallèle au tuyau *AB*, il déterminera un écoulement par le canal *ABC*, dans le sens du mouvement de l'air extérieur; c'est-à-dire que si le vent est dans la direction *BA*, l'air s'introduira par *C* et sortira en *A*, et si le vent est dirigé suivant *AB*, le courant entrera par *A* pour sortir en *C*.

Supposons maintenant que le canal soit rempli d'air chaud qui s'écoule par l'orifice *C* avec une certaine vitesse; il est évident que si le vent est dirigé suivant *AB*, et que sa vitesse soit plus grande que celle du courant d'air chaud, la vitesse de ce dernier sera accélérée, et qu'au contraire, si le vent se meut dans la direction *BA*, le courant d'air chaud sera toujours diminué. Ainsi, dans un appareil disposé comme l'indique la *fig.* 4, le vent soufflant dans la direction *A B* active le tirage, et le diminue lorsqu'il est dirigé dans le sens contraire.

C'est un phénomène que j'ai eu très souvent occasion de vérifier, principalement dans les fabriques de soude. Toutes les fois que le vent est dirigé en sens contraire du mouvement de l'air chaud dans les fourneaux, il y a ralentissement du tirage. J'ai encore constaté ce fait dans un grand appareil dont le tirage était très faible, et qu'on était obligé de rendre tel, parce qu'il était produit artificiellement par une combustion dans un foyer d'appel; l'influence du vent était beaucoup plus considérable que dans les fourneaux à soude, où le tirage est très actif.

Dans certaines circonstances, on peut facilement disposer la prise d'air de manière à faire concourir le vent à l'augmentation du tirage. Par exemple, le fourneau (*fig.* 5) étant disposé dans la direction des vents dominans, si l'on fait aboutir le canal qui alimente le foyer aux deux faces extérieures opposées à l'atelier, on pourra, à l'aide de deux trappes mobiles, établir la prise d'air du côté du vent. J'ai eu plusieurs fois occasion d'établir cette disposition dans des appareils dont le tirage était presque anéanti par les vents dirigés en sens contraire du mouvement de l'air dans le foyer, et ils ont toujours complètement réussi.

Influence des variations de température de l'atmosphère sur le tirage des cheminées.

Quand la température de l'air dans la cheminée reste constante, il est évident que plus la température extérieure sera basse, et plus la vitesse du courant d'air chaud sera grande; car la vitesse, comme nous l'avons vu, dépend uniquement de la différence de ces températures. Aussi par les temps froids et secs, la combustion est bien plus active dans tous les fourneaux que par les temps chauds; c'est un fait bien connu et continuellement vérifié dans toutes les usines.

L'air froid agit, non-seulement en augmentant la vitesse de l'écoulement, mais encore en fournissant au foyer de l'air plus dense, ce qui contribue beaucoup à accélérer la combustion, quoique la vitesse du courant d'air froid affluant n'augmente pas proportionnellement à la dépense d'air chaud, parce que le courant d'air froid qui afflue sur le combustible, dépend à la fois de la vitesse du courant d'air chaud et de la densité de l'air froid.

Il semble, au premier abord, que cet accroissement de tirage doit coûter du combustible; car l'air, pour être échauffé à la même température, exige d'autant plus de chaleur que sa température initiale était plus basse. Mais comme, en général, l'effet utile produit par la combustion augmente avec l'activité du tirage, parce que la quantité d'air qui échappe à la combustion est plus petite, il y a réellement avantage.

Influence de la pression atmosphérique.

La pression de l'atmosphère a d'abord une influence facile à apprécier; plus la pression est grande, et plus l'air froid ou chaud a de densité. Il résulte de là que la densité de l'air qui alimente la combustion est proportionnelle à la pression barométrique; et comme la densité de l'air favorise beaucoup la combustion, il s'ensuit, par conséquent, que la combustion est d'autant plus active que la pression barométrique est plus grande.

Influence de l'état hygrométrique de l'air.

Lorsque l'air renferme de la vapeur d'eau sous la même pression et le même volume, il contient moins d'oxigène; et comme ordinairement une grande humidité dans l'atmosphère est accompagnée d'un abaissement dans le baromètre, il en résulte que toutes les circonstances sont alors réunies pour produire la plus mauvaise combustion; et quoique les élémens du tirage soient rigoureusement les mêmes, cependant il se fera moins bien, parce que l'oxigène étant trop rare dans l'air qui passe sur le combustible, la combustion se fera très mal.

C'est en effet ce que l'on observe dans toutes les usines; les fourneaux languissent dans les temps qu'on appelle *lourds*, et qu'on devrait désigner par l'épithète contraire. L'influence est alors la même, et sur les appareils de combustion, et sur l'organe de la respiration ; il doit en être ainsi, car les phénomènes qui se reproduisent ont beaucoup d'analogie.

L'influence de la quantité d'humidité renfermée dans l'air est si grande sur la combustion, que dans quelques vallons de la Suède, où les chaleurs sont excessives, les maîtres de forges sont obligés d'arrêter leurs fourneaux pendant deux à trois mois.

Influence des rayons solaires.

Lorsque les rayons solaires pénètrent dans un tuyau de cheminée dans lequel la température est peu élevée, comme, par exemple, dans les tuyaux de nos cheminées d'appartemens, on sait par expérience que la fumée reflue dans le foyer. Personne encore n'a essayé d'expliquer ce singulier phénomène. Je pense cependant qu'on peut s'en rendre compte d'une manière assez simple. En effet, la condition nécessaire pour le refoulement de la fumée est que les rayons pénètrent dans la cheminée; or, il est évidemment impossible d'admettre que les rayons solaires exercent sur la fumée une pression qui puisse occasionner le refoulement en question; il faut donc que l'effet produit résulte d'une autre cause. Si l'on observe que les parois d'une cheminée sont toujours noircies par la fumée, que les corps moins exposés au soleil acquièrent rapidement une température très élevée, on verra que l'effet de la présence des rayons solaires est d'échauffer extraordinairement la paroi intérieure qui est éclairée. Or, cette haute température doit se communiquer aux couches d'air voisines de cette paroi, qui, par conséquent, doivent acquérir une grande vitesse d'ascension; et comme ce mouvement n'est pas suffisant pour accélérer le tirage, il doit nécessairement se former un courant descendant sur la paroi qui est à l'ombre; on conçoit alors que ce dernier mouvement peut contrarier le tirage, et même faire refluer la fumée par le foyer. Je ne donne cependant cette explication que comme une hypothèse probable, qui, pour être admise, devrait être confirmée par des expériences.

CHAPITRE III.

DES COMBUSTIBLES ET DE LEURS EFFETS COMPARÉS.

SECTION PREMIÈRE.

Des combustibles en général et de leur emploi.

On comprend sous le nom de *combustibles* toutes les substances susceptibles de se combiner plus ou moins rapidement avec le gaz oxigène, ou d'en dégager le calorique sous la forme de chaleur et de lumière. Les principes les plus abondans, dans les combinaisons matérielles qu'on désigne sous ce nom, sont le charbon ou *carbone*, l'hydrogène, et l'oxigène, qui existent dans toutes à diverses proportions; et c'est à la différence relative de ces proportions qu'il faut attribuer le degré plus ou moins grand d'aptitude de chaque combustible à l'emploi qu'on veut en faire.

« Cependant la nature des différens combustibles « en usage, leurs propriétés relatives, leurs degrés « respectifs d'efficacité, et plus encore les qualités « auxquelles il faut attribuer le choix qu'il y a tou- « jours à faire suivant la nature de l'opération pour « laquelle on a besoin de feu, ne sont pas générale-

« ment connus ; on marche au hasard ; et quand il le « faut, on répare tant bien que mal, en prodiguant le « combustible, l'inconvénient qui peut résulter d'un « mauvais choix [1]. »

On admet, en général, qu'une égale quantité d'une même matière combustible développe toujours la même quantité de chaleur dans sa combustion, quel que soit d'ailleurs le mode de cette combustion, qu'elle se fasse dans l'air, lentement ou avec activité : mais une égale quantité de combustible de *différentes espèces* ne donne pas toujours le même degré de chaleur, et il faut un espace de temps plus ou moins long pour qu'elle se dégage de l'un des combustibles dont on fait usage ; et leur diverse nature exige encore des constructions particulières et un service tout différent.

Un combustible quelconque incandescent réfléchit bien de la chaleur dans tous les sens ; mais quel que soit l'appareil qu'on emploie pour le brûler, on ne pourra jamais augmenter la *somme totale* de la chaleur qu'il est susceptible de produire. Ainsi les foyers, de quelque figure qu'ils soient, n'augmentent point la quantité absolue de calorique que peut dégager un combustible ; au contraire, ils en absorbent toujours une certaine quantité : mais ils peuvent renvoyer dans une direction déterminée des rayons calorifiques qui seraient perdus ou qui se porteraient sur d'autres corps que ceux qu'on destine à en recevoir l'influence.

(1) L'*Industriel*.

Les propriétaires, les fabricans, doivent par conséquent attacher beaucoup d'importance à connaître quel est le combustible le moins cher à employer, ou quel est l'effet calorifique d'une quantité donnée de l'un relativement à une même quantité de l'autre.

Considérations sur l'emploi des combustibles.

Pendant long-temps, le bois réduit ou non en charbon a été presque le seul combustible employé en France; mais nos forêts, faisant place graduellement à des cultures plus productives, diminuent tous les jours de nombre et d'étendue, et deviennent de plus en plus insuffisantes pour notre consommation. La houille, ou charbon de terre, y supplée avec avantage. L'exploitation des mines de ce combustible fait journellement de rapides progrès et promet d'immenses ressources. Plus de la moitié des départemens français contiennent des mines de houille exploitées ou susceptibles de l'être; et nos richesses en ce genre sont si étendues, qu'on ne saurait fixer dans l'avenir le plus éloigné l'époque de leur épuisement.

Quand on veut obtenir une température très élevée à quelque distance du foyer, le bois est le combustible le plus avantageux, parce qu'il donne beaucoup de flamme; et les bois qui paraissent préférables, dans ce cas, sont les bois légers, qui laissent peu de résidus. Lorsque la température, quoique très élevée, doit produire son plus grand effet à une petite distance du foyer, le bois et son charbon, la houille et le coke, riches en carbone, peuvent également être employés.

Dans tous les cas où il est nécessaire de se procurer en peu de temps un feu très intense, ou de le soutenir avec une grande énergie, on ne peut se dispenser d'employer le combustible dans son état naturel; les houilles, riches en carbone, sont très propres à cet usage. Mais une chaleur modérée se soutient plus aisément et exige moins de soins; et si l'on se sert d'un combustible peu énergique ou préparé, c'est aussi le moyen le plus économique d'obtenir une chaleur lente et régulière: alors les houilles peu chargées en carbone, et le coke qui en provient, doivent obtenir la préférence.

Dans certains cas, la tourbe présente, au moins dans les localités voisines des tourbières, outre l'économie du prix, des avantages importans: 1° les feux sont plus faciles à diriger, parce qu'il ne se forme point, sur les grilles, des scories qui obstruent le passage de l'air; 2° la température étant moins élevée, les parois du fourneau et des chaudières résistent plus longtemps: mais il faut dire qu'on ne peut obtenir un effet marqué de ce genre de combustible, si on ne le mélange d'abord avec une substance plus inflammable.

Dans un appareil à vapeur, par exemple, on doit chercher à porter le plus promptement possible l'eau à l'état d'ébullition : mais dès qu'elle y est arrivée, il est très économique d'employer un degré régulier de chaleur, avec un combustible qui brûle lentement, tel que la tourbe, afin de ne pas fournir au-delà de la dépense en vapeur.

Ainsi, c'est le but qu'on se propose qui doit, en général, déterminer la préférence à accorder à tel combustible sur tel autre. Le choix qu'il faut en faire dépend donc, 1° de la nature de l'effet qu'on veut produire; 2° du prix auquel revient le combustible dans le lieu où se fait l'opération, comparé à la quantité de chaleur qu'il développe. Il est donc essentiel, avant tout, de connaître la nature propre des combustibles et le degré respectif de chaleur que chacun d'eux est susceptible de produire.

SECTION II.

Bois et charbon végétal.

Des bois. Le bois est le plus précieux des combustibles pour la société; mais comme il est employé à une quantité infinie d'usages que l'état de civilisation nécessite, cette circonstance en augmente le prix et concourt à le rendre de plus en plus rare. Il est, sans contredit, le meilleur, le plus sain pour le chauffage par rayonnement, et celui qui s'allie le mieux avec la propreté des appartemens; les autres combustibles, dans leur état naturel, répandent toujours une odeur désagréable, une poussière fine qui noircit tout, et ils exhalent une vapeur qui n'est pas sans inconvénient pour la santé.

Les bois sont essentiellement formés de ligneux, substance dont les propriétés sont les mêmes dans tous; mais indépendamment des principes constituans qui existent dans tous les combustibles, les bois renferment en outre, et en quantités variables suivant leur nature, leur dessiccation, leur plus ou moins long séjour dans l'air ou dans l'eau, des sels, des matières colorantes, des matières résineuses, de l'eau, etc.

Le bois et toutes les substances végétales dégagent, en brûlant, une quantité de fumée qui est toujours en rapport avec l'état de siccité des matières sur lesquelles la combustion s'exerce, et avec la température à laquelle elles sont élevées. Quand le bois est sec, il s'allume facilement, donne beaucoup de flamme et peu de fumée; quand il est vert, une partie du calorique est employée à vaporiser l'eau qu'il contient, et il donne beaucoup de fumée et peu de flamme.

Sous le rapport de leur emploi comme combustible, on divise les bois en deux classes.

La première comprend les bois durs et compactes; tels sont le chêne, le hêtre, l'orme, le frêne, etc.

La seconde renferme les bois blancs, mous, légers; tels sont le pin, le sapin, le bouleau, le tremble, le peuplier, etc.

6

Les bois durs donnent plus de chaleur que de flamme, et se consument lentement. Le bois de chêne brûle assez bien, même quand il est un peu vert; mais quand il est très vieux, il noircit et donne beaucoup de fumée.

Les bois tendres s'usent vite, chauffent bien et développent une belle flamme. Tous les bois résineux donnent beaucoup de flamme; mais ils répandent une fumée très incommode: parmi ces derniers, celui qui brûle le mieux et qui, à poids égal, développe le plus de chaleur, est le bois de pin.

Il est généralement connu que les bois exposés au midi brûlent mieux que ceux de même nature qui croissent au nord; ceux qui sont nourris dans un sol aride, comparés à ceux qui sont élevés dans des terrains gras et humides, présentent la même différence.

Les époques auxquelles on coupe le bois ne sont pas non plus sans influence. Les bois provenant des coupes du printemps ou de l'été s'altèrent et brûlent mal; il n'y a que les coupes d'hiver qui présentent un bois capable de produire dans la combustion toute la chaleur qu'on peut en attendre, parce que ce n'est qu'à cette époque que les sucs du végétal se sont solidifiés.

Le comte de Rumford fut le premier qui appela l'attention sur le mauvais usage des bois humides. Dans cet état, en effet, ils donnent beaucoup moins de chaleur que les bois secs, parce que l'eau, n'étant point combustible, ne peut développer de chaleur, et que, pour se réduire en vapeur, elle absorbe une grande quantité de calorique qui devient latent.

Il est tellement avantageux d'employer des bois secs, que, dans plusieurs espèces d'usines, on ne se contente pas de n'admettre que des bois aussi secs qu'ils peuvent l'être naturellement par la dessiccation à l'air, mais on les fait encore sécher dans des étuves, après qu'ils ont été divisés en petites bûches; telles sont les fabriques de verre fin et de porcelaine.

Dans la Provence, pour opérer la cuisson des poteries grossières, des briques et des carreaux, on ne se borne pas à exposer le bois divisé à l'ardeur du beau soleil de cette contrée, on achève sa dessiccation dans des étuves, de manière que la masse puisse s'embraser spontanément quand on met dans le foyer un corps enflammé.

Produits de la combustion. Les produits de la combustion du bois sont uniquement formés de la vapeur d'eau et d'acide carbonique; mais quand la combustion n'est pas complète, il se dégage de la fumée qui est principalement formée d'eau, d'acide acétique, d'huile essentielle empyreumatique et d'une matière analogue au goudron. C'est à l'acide acétique qu'est due l'excitation de la fumée sur les yeux.

Observations. Il est bien prouvé que les bois humides se consument dans les foyers en ne donnant qu'une partie de la chaleur totale qu'une même quantité de bois sec de même nature est capable de produire : on sait aussi que du bois vert, mis en œuvre dans les bâtimens, n'est pas de longue durée. Ces considérations ne sont-elles pas assez puissantes pour faire désirer des réglemens qui défendraient d'abattre des bois destinés à quelque usage que ce fût, pendant qu'ils sont en sève, et pour qu'ils ne pussent être livrés à la consommation qu'après un temps fixé par les réglemens? Il en résulterait que le bois employé pour la construction, dont la consommation est considérable, principalement pour les navires, serait d'un meilleur et d'un plus long usage, et que l'on obtiendrait un plus grand effet des appareils de chauffage, partout où l'on se sert de ce précieux combustible pour les alimenter. A ces motifs d'une économie évidente, puisqu'on renouvellerait moins souvent les bois de construction et qu'on obtiendrait plus d'effet calorifique d'une même quantité de ce combustible, on peut ajouter que ce serait aussi l'un des plus sûrs moyens de contribuer à empêcher les cheminées de fumer. J'ai eu occasion de faire une foule de remarques qui toutes m'ont confirmé dans l'idée que cet inconvénient est dû, dans beaucoup de cas, à l'habitude de brûler dans les cheminées du bois humide, qui ne fait que charbonner, sans échauffer au point nécessaire l'air qui alimente la combustion et les produits qui s'en dégagent; inconvénient augmenté encore par le mauvais arrangement du bois dans le foyer.

Plus de la moitié des départemens français, avons-nous dit, contiennent des mines de houille exploitées ou susceptibles de l'être, et nos richesses en ce genre sont, pour ainsi dire, inépuisables. C'est une perspective rassurante sans doute; mais comme on ne peut faire naître de la houille dans les lieux où il n'en existe point naturellement, son usage, sans demeurer précisément circonscrit aux contrées qui en possèdent, ne peut jamais être aussi généralement répandu que celui du bois, que l'on peut planter partout. On l'a déjà dit, et l'on ne saurait trop le répéter: le père de famille prévoyant, le propriétaire philanthrope, devraient avoir constamment sur leur domaine une certaine quantité d'arbres de diverses espèces, soit pour fournir à leurs propres besoins, soit pour satisfaire aux besoins de la société autant qu'il dépendrait d'eux.

ARTICLE ADDITIONNEL[1].

« Quoique les bois dans une dessiccation parfaite « soient tous susceptibles de donner, sous le même « poids, des quantités de chaleur peu différentes, leur « structure produit, dans leur mode de combustion, « des variétés qui ne les rendent pas tous également « propres à tous les genres de travaux.

« Les bois compactes ne brûlent qu'à leur surface;

(1) *Traité de la Chaleur*, M. Péclet.

« la chaleur qui se propage dans l'intérieur en dégage « les gaz combustibles qui brûlent en totalité dans « les commencemens, et il ne reste bientôt qu'un char- « bon volumineux, compacte, qui brûle lentement et « sans flamme.

« Les bois légers brûlent avec beaucoup plus de « rapidité, parce que leur porosité permet à l'air d'y « pénétrer plus facilement, et qu'ils se déchirent par « l'action de la chaleur; la majeure partie du char- « bon qu'ils renferment brûle en même temps que « les gaz combustibles, et ils ne laissent que peu de « charbon; aussi ces bois donnent de la flamme pres- « que pendant toute leur combustion.

« Cette différence entre ces deux espèces de bois « diminue à mesure qu'ils sont en bûches d'une plus « petite dimension; la raison en est évidente.

« On concevra facilement, d'après ce qui précède, « pourquoi, dans les verreries, les fourneaux à porce- « laine et même les fours à poterie commune, où l'on « a besoin d'une température très élevée et d'une « flamme longue et continue, on emploie toujours des « bois tendres, tandis que dans presque tous les au- « tres usages, où l'on a besoin d'une température « beaucoup moins élevée et dans un lieu plus voisin « du foyer, les bois durs sont préférés.

« Quel que soit d'ailleurs le bois que l'on emploie, « l'effet du calorique sera d'autant plus grand qu'il « sera plus divisé, parce qu'alors une plus petite quan-

« tité d'air échappera à l'action du combustible. En « effet, il faut toujours que l'air finisse par s'échapper « à une température supérieure à celle de l'atmo- « sphère, et l'on conçoit facilement que plus la quan- « tité d'air employée à la combustion de la même « quantité de matière sera petite, moins il y aura de « perte de chaleur par l'air qui s'écoule. Mais indé- « pendamment des frais qu'occasionnerait la refente « du bois, souvent la nature de l'opération ne permet « pas d'employer du bois trop menu, parce que la « combustion serait trop rapide. Il n'y a qu'un petit « nombre d'usines, telles que certaines verreries et « les fabriques de porcelaine, où la prompte combus- « tion étant un avantage, puisqu'elle produit une tem- « pérature très élevée, il est important d'employer le « bois toujours refendu. »

Charbon végétal.

La chaleur lente et régulière que répand un combustible préalablement converti en charbon, est très avantageuse et convient dans beaucoup d'opérations. La manière de carboniser le bois influe très puissamment sur la qualité du charbon. Outre la différence de qualité qui provient de la méthode employée à la carbonisation, les effets calorifiques du charbon varient encore selon qu'il est plus ou moins récent. Le charbon qui vient d'être fait a des propriétés qu'il perd par la vétusté; non-seulement il effleurit avec le temps, mais il pompe l'eau et en prend jusqu'à 20 ou 25 pour cent de son poids.

Le charbon de bois est, comme l'indique son nom, une substance qui ne contient plus que le carbone qui se trouvait dans le bois: quel que soit le mode de fabrication par lequel il a été obtenu, il conserve la structure du bois; il est plus léger, plus sonore, et brûle sans flamme quand il est pur.

La manière dont on opère pour carboniser le bois dans les forêts, c'est-à-dire, pour obtenir du *charbon de bois*, est trop connue pour que nous en donnions ici la description; ce procédé, qui remonte à une époque très reculée, est encore généralement suivi dans les forêts; cependant il a reçu différentes modifications que nous allons rapporter succinctement.

M. Foucauld établit le fourneau dans une cavité cylindrique creusée dans la terre et revêtue d'une légère maçonnerie en briques d'environ dix pieds de diamètre et de sept à huit pieds de profondeur. Au fond de ce trou, on pratique une galerie circulaire qui permet de donner, par des ouvreaux, un accès régulier à l'air utile à la carbonisation. On range le bois en tas, de la même manière que les charbonniers le pratiquent dans les forêts, et l'on recouvre le tout d'un couvercle conique en tôle, terminé par un tuyau court par lequel on introduit le feu pour allumer le bois. Un autre tuyau conduit les gaz de la carbonisation dans des tonneaux placés debout, qui communiquent de l'un à l'autre. Ces gaz s'y condensent; et lorsque la carbonisation est achevée et que tout est froid, on trouve dans le trou un charbon de bonne qualité, dur, sonore, exempt de fumerons, et en plus grande quantité, dans la proportion d'un cinquième au moins, que par les procédés ordinaires des forêts.

M. Thilorier a imaginé de placer dans les fourneaux des tuyaux métalliques, légèrement inclinés à l'horizon; d'autres appareils très compliqués sont de véritables alambics, et tous ont pour but de recueillir en même temps, comme le fait M. Foucauld, les produits de la combustion.

Le procédé de distillation donne plus de produits; mais il exige des constructions qui ne sont pas assez simples, que l'on ne peut pas déplacer, et il faut qu'on amène des bois de plus ou moins loin pour alimenter l'usine, tandis que le vieux procédé par suffocation est exécutable partout et à peu de frais. Ces divers inconvéniens ont fait imaginer à M. Foucauld une méthode qui consiste dans la disposition du fourneau que l'on pratique ordinairement dans les forêts; mais il l'enveloppe d'un abri facilement transportable.

Aucun auteur n'a fait mention du charbon de bois de châtaignier, et c'est peut-être de tous les charbons de bois celui qui produit le plus d'effet calorifique. Pendant les guerres de la révolution, des cantons de la Bretagne, ne pouvant s'approvisionner du charbon de terre qu'ils tiraient auparavant de l'Angleterre, furent obligés de le remplacer par le charbon de bois; et celui de châtaignier obtint un tel succès pour certains ouvrages de forge, que, bien que les anciennes relations soient aujourd'hui rétablies, on en continue de préférence l'usage.

Produits de la combustion. Lavoisier est le premier qui ait démontré que le charbon ordinaire, en brûlant, produit de l'acide carbonique, et qu'il retient toujours une certaine quantité d'hydrogène.

Les produits de la combustion du charbon de bois parfaitement carbonisé sont donc uniquement formés d'acide carbonique; mais comme il retient toujours de l'hydrogène, il se forme alors une quantité correspondante d'eau.

Produits utiles que l'on recueille par les nouveaux procédés de carbonisation. Acide acétique (*vinaigre*), huile empyreumatique analogue au goudron. On purifie ces substances, qui sont très recherchées dans les arts industriels.

SECTION III.

Houilles et coke.

Houille. La houille, connue aussi sous les noms de *charbon de terre*, de *charbon fossile*, de *char-*

bon minéral, est une substance composée principalement d'une grande quantité de carbone, et d'une matière bitumineuse formée d'oxigène, d'hydrogène, de carbone et d'azote. On ignore quelle est l'origine de la houille : plusieurs naturalistes pensent qu'elle provient de la décomposition des corps organisés enfouis dans le sein de la terre ; et quoique la cause première de cette substance ait été l'objet des recherches d'un grand nombre de géologues, ils ne s'accordent point sur sa formation.

Les contrées les plus riches en mines de houille sont l'Angleterre, la Belgique et la France. Le nombre de celles qui s'exploitent maintenant dans ce dernier royaume s'élève à 236; elles fournissent dix millions de quintaux métriques de cette substance, dont une grande partie sert à alimenter la plupart des usines; mais celles de la Grande-Bretagne le sont presque toutes par ce combustible, et ses mines en produisent 75 millions chaque année.

A juger des combustibles par la chaleur qu'ils produisent, il n'en est pas qui méritent d'être préférés aux houilles ; mais le soufre que certaines espèces contiennent en plus ou moins grande quantité dévore les fourneaux, détruit les chaudières : comparées au charbon de bois, elles ont sur lui le désavantage de produire de l'odeur, de la fumée mêlée de poussière, de ne bien brûler qu'en grandes masses, et de ne pouvoir pas être graduées, dans leur action, avec la même facilité.

La quantité de chaleur que développe la houille dans sa combustion doit nécessairement varier suivant sa composition. En général, celles qui renferment le plus d'hydrogène relativement à l'oxigène, sont celles qui en donnent le plus; elles produisent aussi beaucoup de flamme, parce que l'hydrogène, à poids égal, en donne plus que le carbone. A mesure que la quantité d'hydrogène diminue, les houilles deviennent moins combustibles et donnent moins de flamme; ces dernières ne sont avantageuses que pour chauffer à une petite distance, et pour être mêlées, dans le service des grilles, avec d'autres espèces de houilles.

Caractères distinctifs. La houille est sous forme de masses solides, opaques, noires, plus ou moins brillantes. Lorsqu'on la divise, on remarque quelquefois dans ses fragmens des couleurs très variées. Si, étant exposée à l'air, on la met en contact avec un corps en ignition, elle absorbe l'oxigène de l'air avec avidité, répand une fumée noire et produit une belle flamme blanche.

Le noir, un vif éclat avec un peu de fermeté, caractérisent les houilles riches en carbone, dans lesquelles l'hydrogène domine sur l'oxigène. Un noir intense, joint à un vif éclat, et de la dureté, annoncent que les houilles contiennent beaucoup de carbone, et que l'oxigène y domine sur l'hydrogène. L'espèce de l'éclat détermine le rapport du carbone aux deux autres parties constituantes, qui elles-mêmes se trouvent en différentes proportions dans les houilles.

D'après la connaissance des principaux caractères distinctifs des houilles, et des proportions extrêmement variables dans lesquelles se rencontrent leurs principes constituans, on doit facilement concevoir que les variétés de houille sont très considérables; mais sous le rapport de leur emploi comme combustible, on n'en distingue que trois espèces principales: la houille grasse, la houille sèche et la houille compacte.

Houille grasse, vulgairement connue sous le nom de *houille collante*. Elle renferme beaucoup de bitume, est légère, friable, très combustible, brûle avec une flamme blanche; au feu, elle se gonfle et semble se fendre, s'agglutine facilement et laisse peu de résidus.

Cette houille présente plusieurs inconvéniens lorsqu'on la brûle sur les grilles des fourneaux; car il faut souvent la briser pour donner accès à l'air. Elle donne un coke très volumineux, et par conséquent convient à cette fabrication.

Houille sèche. Elle est mêlée de beaucoup de pyrites, est pesante, plus solide que la précédente, et d'un noir moins foncé qui se rapproche du gris de fer; elle brûle moins facilement sans s'agglutiner, et laisse peu de résidus.

Cette houille est beaucoup plus sulfureuse que la houille grasse ; ce qui est dû aux pyrites qu'elle contient.

Houille compacte. Cette houille est d'un noir un peu grisâtre et terne, fort légère, solide; elle se laisse tailler et polir; elle brûle facilement avec une flamme blanche alongée.

Toutes les houilles contiennent du soufre en plus ou moins grande quantité; et il a été reconnu que l'acide sulfureux qui se dégage dans leur combustion, est la principale cause de la destruction des fourneaux et des chaudières.

Dans sa combustion, la houille absorbe une quantité d'air proportionnelle au soufre qu'elle renferme, parce que le gaz sulfureux qui s'en dégage a la propriété de s'emparer de l'oxigène de l'air; or, si la quantité de soufre est grande, l'absorption de l'oxigène de l'air sera nuisible à la combustion, ce qui est évident d'après tous les antécédens.

En purifiant la houille, on obvie à ces inconvéniens; et c'est pour cela que maintenant on la remplace par le coke dans le chauffage des habitations et dans presque toutes les opérations qui se font à l'aide de fourneaux.

Produits de la combustion. Les produits de la

combustion complète de la houille sont uniquement formés de vapeur d'eau, d'acide carbonique, d'un peu d'acide sulfureux et d'une petite quantité d'azote. La vapeur d'eau provient de l'hydrogène ; l'acide carbonique, du carbone ; l'acide sulfureux, des pyrites de fer qui existent toujours en quantités plus ou moins considérables dans les houilles ; et enfin l'azote, d'une très petite quantité de matière animale qu'elles renferment également. Mais comme il est rare que la combustion soit complète, il se dégage, en outre, de la fumée qui contient du carbone très divisé et de l'huile essentielle.

La fumée des houilles n'agit pas dans les tuyaux d'écoulement comme la fumée des bois ; elle ne produit pas de suie, mais une poussière subtile qui se répand partout.

Produits utiles que l'on recueille. Gaz hydrogène carboné, servant à l'éclairage ; bitume ; coke.

Coke. Épurer les houilles, c'est leur enlever l'acide carbonique qui se dégage du soufre qu'elles contiennent plus ou moins abondamment, et diminuer la quantité d'huile essentielle et de bitumes qui s'y trouvent en excès : ce qui reste après l'opération est ce qu'on appelle *coke*. La houille ainsi préparée brûle presque sans flamme ni fumée.

Le coke est formé de charbon, des substances qui n'ont pas été entièrement décomposées par la combustion, et des parties terreuses que contenait la houille dont il a été extrait; il est d'un gris de fer, et a souvent un éclat métallique.

Les qualités combustibles du coke varient suivant la nature de la houille d'où il provient et le procédé d'épuration employé: telle espèce brûle avec facilité; telle autre ne soutient le feu qu'autant qu'elle est en grande masse dans un foyer fermé; il en est enfin qui, à l'air libre, s'éteindraient, si elles n'étaient animées par une matière plus inflammable, etc., etc.

Les espèces de coke que l'on obtient de la carbonisation des houilles ont donc chacune des propriétés particulières; on ne pourrait pas dire que telle espèce est préférable à telle autre, mais bien qu'elle convient mieux à tel ou tel usage.

La température doit être d'autant plus élevée pour obtenir le coke, qu'une houille contient plus de carbone; il faut par conséquent plus d'oxigène, ou, si l'on veut, une plus grande affluence d'air, pour convertir ce charbon en gaz acide carbonique, résultat définitif de l'action de faire du feu.

On emploie deux procédés différens pour la fabrication du coke; la distillation, et la combustion par suffocation. La distillation, employée dans les établissemens qui s'occupent de l'éclairage, a pour but principal d'obtenir le plus de gaz possible; ce qui reste dans la cornue après l'opération étant privé d'hydrogène, de bitume et d'huile essentielle, n'offre plus qu'un résidu sans énergie pour le chauffage. Pour ce dernier usage, on doit fabriquer le coke par la combustion ; ce qui a lieu en traitant la houille de la même manière que l'on carbonise le bois.

Pour cela, on place la houille dans de grands fourneaux murés, ayant la forme d'un cône, avec des ventouses sur les côtés. La fumée s'échappe par un canal qui correspond à une chambre garnie d'une couche d'eau pour condenser les vapeurs et recueillir les produits utiles. On porte des charbons ardens à la partie inférieure des fourneaux pour embraser la masse. On doit pouvoir ouvrir et fermer à volonté les petites ouvertures latérales pratiquées pour donner accès à l'air, et l'on arrête l'opération aussitôt que la houille est dépouillée des parties de substances qu'on veut en séparer.

On dit que par ce procédé on se procure en Angleterre la plus grande partie du goudron nécessaire à la marine.

On commence à employer à Paris, pour les usages domestiques, le coke, qui a l'avantage de ne donner ni fumée ni mauvaise odeur, et dont la chaleur est très intense. Mais cela ne doit s'entendre que du coke provenant d'une bonne houille, et qui n'a pas été épuisé de ses principes les plus inflammables.

Produits de la combustion. La combustion du coke ne donne que de l'acide carbonique.

SECTION IV.

De la tourbe et de son charbon.

Tourbe. On a voulu ranger dans la classe des houilles la tourbe qu'on emploie dans quelques pays; mais sans connaître cette espèce de combustible, je crois que les tourbes, en général, doivent être envisagées comme des substances distinctes. En effet, il n'existe aucun doute sur la manière dont elles se forment, tandis que les opinions des naturalistes sont partagées sur la composition et la nature du charbon minéral.

La tourbe se trouve dans des terrains marécageux et humides, ou qui ont été le fond d'étangs ou de lacs d'eau douce. Ce combustible est léger, spongieux, d'un brun noirâtre; il est formé de plantes herbacées, souvent reconnaissables, entrelacées, et dont la décomposition est très avancée. Les tourbes renferment toujours une quantité plus ou moins considérable de terre et de sable, et donnent dans leur combustion une odeur piquante et désagréable. La tourbe brûle lentement, et par conséquent ne donne pas une chaleur intense.

On distingue plusieurs espèces de tourbes; mais une seule est employée communément comme combustible, c'est celle des marais. Cette tourbe a elle-même des caractères qui varient suivant la profondeur à laquelle on l'a extraite: prise à la surface du sol, elle est lâche et formée de végétaux à peine décomposés; à mesure que l'on pénètre davantage, elle devient plus compacte, plus noire, et les débris organiques qui la constituent ont subi une plus forte altération; enfin, dans les dernières couches, la tourbe ne laisse plus apercevoir de traces de végétaux.

Produits de la combustion. Les produits de la combustion de la tourbe sont assez compliqués, parce qu'il est difficile de rendre cette combustion complète. Ils sont d'abord composés des mêmes élémens que ceux qui se dégagent de la combustion imparfaite du bois; on y trouve en outre de l'ammoniaque, et souvent de l'acide sulfureux.

La tourbe et son charbon ne paraissent avoir d'emploi réellement avantageux que quand il s'agit de produire une température peu élevée et long-temps prolongée, comme pour les étuves, les séchoirs, etc. Cependant, d'après les expériences de M. Garnier, quand elle est d'une qualité supérieure, on peut la faire servir avantageusement à l'alimentation des chaudières à vapeur, à l'évaporation et aux distillations; mais il observe que le fourneau a besoin d'être chauffé avec de la houille pendant les trois ou quatre premières heures.

Charbon. Le charbon de tourbe peut s'obtenir comme celui du bois, c'est-à-dire, soit par suffocation, soit par distillation, et en procédant de la même manière.

La première méthode donne rarement du charbon de bonne qualité ; et comme ce charbon est très combustible, très difficile à éteindre, il arrive souvent que l'on ne peut pas arrêter la combustion, et que l'on n'obtient en dernier résultat que des cendres.

La meilleure méthode de carbonisation est donc celle qui se fait par distillation en vase clos ; mais pour obtenir du charbon en fragmens assez gros, il faut que la tourbe soit très compacte.

Le charbon de tourbe étant soumis aux mêmes variations que la tourbe qui l'a produit, du moins sous le rapport des substances étrangères, la quantité de chaleur qu'il peut produire est très irrégulière; mais des expériences ont démontré que la quantité de calorique rayonnant que dégage le charbon de tourbe pendant sa combustion est très considérable.

Produits de la combustion. Le charbon de tourbe développe dans sa combustion uniquement les mêmes produits qui se forment dans celle du charbon de bois.

SECTION V.

Combustibles économiques.

Briquettes. Les livres qui traitent de l'économie domestique, contiennent diverses recettes pour fabriquer un combustible à bon marché; toutes se réduisent à indiquer le mélange de la terre argileuse avec la poussière du charbon de bois, de la houille, ou avec des copeaux, du tan, les balayures des lieux où l'on dépose le bois, et tous autres débris de matières combustibles. Ces divers résidus doivent être en quantité suffisante dans l'amalgame; on ajoute de l'eau, et on délaie jusqu'à ce que le mélange ait acquis la consistance d'un mortier, ou d'une pâte ferme propre à recevoir une forme déterminée dans des moules préparés à cet effet.

Cette pratique est ancienne; elle est principalement usitée chez divers peuples des régions froides. Dans certaines parties de la Suède, où le bois est rare, on se procure à très bon compte des boulettes et des briquettes formées de houille et d'argile tamisée. En Russie on fait généralement usage des mêmes matières, apprêtées d'une façon analogue, pour chauffer les poêles concurremment avec le bois.

Ugo-Platt, dans son *Trésor de la nature et des arts*, publié à Londres en 1594, enseigne aux pauvres la manière de préparer eux-mêmes un combustible très économique. On trouve dans ce procédé l'origine et les détails de toutes les autres recettes. Voici la traduction qu'on en donne:

« Prenez une charge de marne ou d'argile dure;
« faites-en dissoudre un quart dans l'eau, en la mê-
« lant avec une pelle jusqu'à ce qu'elle se réduise à la
« consistance d'une pâte molle. Ajoutez-y un autre quart

« de fragmens de charbon ou de poudre de charbon, « en mêlant bien le tout ensemble jusqu'à ce que l'on « obtienne une matière convenablement épaisse pour « pouvoir la jeter en forme et lui faire prendre la « figure de copeaux, éclats de bois, petits bâtons, etc.

« On peut, en un jour, en préparer assez pour se « chauffer trois mois. On pourrait aussi y ajouter quel- « ques matières combustibles analogues au pays où « l'on serait, telles que tourbe, fragmens de végétaux, « rognures de bourreliers et de cordonniers, résidus « des fumiers, et autres matières semblables. »

Les briquettes que l'on vend à Paris ne sont autre chose qu'un mélange d'argile délayée ou de résidus de fourneaux avec des corps combustibles en poudre, qui, dans cet état, ne pourraient pas être brûlés sur des grilles.

On prépare, dit-on, avec le marc de raisin mêlé avec du charbon en poussière, un combustible assez bon.

Ces combustibles sont avantageux, en ce que chacun peut facilement en fabriquer, et qu'ils sont livrés à la consommation à un prix beaucoup moins élevé que celui des combustibles dans leur état naturel, ou simplement préparés; mais ils ne peuvent être employés que pour les appareils dans lesquels la température ne doit pas être très élevée, car ils brûlent lentement.

Ajoutés à d'autres combustibles dans leur état naturel, ou carbonisés, ils sont principalement utiles dans les poêles et les cheminées : dans ce dernier usage, ils ont encore l'avantage d'émettre une grande quantité de chaleur rayonnante, et par conséquent d'augmenter l'effet utile du combustible. Ces objets de chauffage, quelque forme qu'ils aient, ne doivent être employés que lorsqu'ils sont parfaitement secs.

Mottes. On désigne ainsi des pains de tan épuisé, que l'on fabrique sans employer d'argile, en comprimant fortement dans un moule, avec les pieds, le tan humide : on fait sécher ces pains à l'air. Les mottes retiennent encore beaucoup d'eau ; elles brûlent lentement et conservent très long-temps le feu ; elles ne sont employées que pour le chauffage domestique des familles les plus pauvres.

C'est un combustible précieux dans les grandes cités, où, en général, les autres moyens de chauffage sont beaucoup plus chers.

Nouvelle combinaison de combustible. — Patente à Th. Sunderland, juillet 1827.

L'auteur mêle ensemble du goudron des usines d'éclairage et de l'argile avec de la tourbe, du son, de la paille, de la sciure de bois, ou tout autre résidu ligneux, tel que l'écorce de tan, etc. On enlève au goudron une grande partie de son odeur désagréable, en le faisant bouillir pendant deux ou trois heures, et cela ne diminue pas sa propriété combustible.

SECTION VI.

Classement des combustibles d'après le degré respectif de chaleur qu'ils sont susceptibles de produire dans leur combustion.

Maintenant que nous connaissons, 1° les principes constituans des combustibles employés dans les appareils de chauffage; 2° ceux de ces mêmes principes qui, par leur degré d'inflammabilité, déterminent et entretiennent la combustion, et ceux qui n'y jouent qu'un rôle passif; 3° la tendance plus ou moins grande des diverses espèces de combustibles à s'unir ou à s'emparer de l'oxigène de l'air, etc., nous pouvons, sans beaucoup d'étude, nous former une idée exacte des effets calorifiques que chacun de ces combustibles est relativement susceptible de produire. Nous partirons de ce point pour les classer. Les combustibles fournissent d'autant plus de chaleur, qu'ils renferment plus de carbone et d'hydrogène; et, en général, la chaleur développée est proportionnelle à l'oxigène absorbé dans la combustion.

Ainsi, nous pouvons ranger dans la première classe les houilles, le coke obtenu par suffocation, parce que ces substances contiennent le carbone et de l'hydrogène en excès, relativement aux autres combustibles, et qu'elles sont très avides d'oxigène; le charbon de bois et les bois secs composeront la seconde classe; et la tourbe, la troisième.

N'ayant point eu l'occasion de faire d'expérience directe à l'égard de l'effet calorifique que produit chaque combustible, ni d'en comparer la valeur relative, je n'aborderai ce sujet important qu'en m'étayant d'autorités, et je commencerai d'abord par faire parler M. Christian :

« Pour apprécier convenablement l'avantage qu'une « espèce de combustible peut avoir sur les autres, on « ne doit pas les comparer par leur volume, mais bien « par leur poids, parce que le feu dure plus ou moins « long-temps, à raison de la quantité de matière qu'on « soumet à son activité. Or, la quantité de matière « s'évalue par le poids, et non par la place qu'elle « occupe.

« On a fait beaucoup de recherches scientifiques « pour déterminer les quantités respectives de chaleur « qu'on pouvait rigoureusement obtenir des différen- « tes espèces de combustibles ; nous nous attacherons, « quant à nous, à indiquer seulement les mesures « pratiques par les quantités d'eau élevées d'un seul « degré et portées ensuite à l'ébullition, ainsi que par « la quantité d'eau réduite en vapeur, en prenant à « part les différentes espèces de combustibles les plus « généralement employées. »

Je me bornerai à citer les résultats obtenus par M. Christian, et qui sont consignés dans le tableau qui suit, sans entrer dans les détails que donne à ce sujet l'estimable rédacteur du journal *l'Industriel*.

TABLAU COMPARATIF

De la dépense de combustible en poids nécessaire pour élever d'un degré 100 kil. d'eau, porter cette même quantité à l'ébullition et la réduire en vapeur.

	élever d'un degré.	porter à l'ébull.	réduire en vapeur.
	gram.	kilogram.	kilogram.
Coke de première qualité.. .	24	1 92	12 34
Houille première qualité. . .	27	2 16	13 48
Charbon de bois.	34	2 72	17 00
Pin sec.	62	4 96	30 84
Tilleul.	85	6 80	42 24
Hêtre sec.	87	6 96	43 26
Chêne sec.	96	7 68	48 00
L'orme, le frêne, le cerisier, tiennent à peu près le milieu entre le pin et le chêne.			
Tourbe carbonisée, 1re qual.	73	5 84	39 00
Tourbe, 1re qualité.	96	7 68	86 00

« Il faut considérer ces nombres comme des limi-
« tes qu'on ne peut atteindre, dans la pratique, qu'en
« apportant tous les soins possibles dans la construc-
« tion des appareils, et que l'état actuel de nos con-
« naissances ne permet guère de dépasser d'une ma-
« nière remarquable. »

Ce tableau, qui s'explique de lui-même, fait voir que la dépense de combustible est bien plus forte pour réduire 100 kil. d'eau en vapeur que pour les porter à l'ébullition, ce qui est bien d'accord avec la théorie du calorique latent.

« Les quantités de chaleur produites vont en di-
« minuant, suivant que la qualité des houilles baisse;
« et il en est qui, pour produire les mêmes effets sur
« l'eau, exigeraient une dépense de combustible pres-
« que double; ce qui, pour le dire en passant, ne
« permet guère de compter sur les tarifs de dépense
« de combustibles qu'on donne ordinairement pour
« les machines à vapeur; car il pourrait très bien se
« faire que la même force et les mêmes fourneaux con-
« sommassent dans un lieu le double de combustibles
« que dans un autre lieu; cela dépendrait évidem-
« ment des qualités relatives des combustibles.

« Les diverses espèces de bois présentent aussi des
« différences dans les quantités de chaleur que cha-
« cune peut fournir; il en est de même de leurs de-
« grés de sécheresse. »

Dans son rapport à l'administration de l'Académie royale de musique, M. Debret, architecte distingué, et auteur du monument qu'elle occupe, s'exprime ainsi :

« Vous avez désiré, Messieurs, connaître les résultats comparatifs que présentent le bois et le coke employés comme combustibles. Pour satisfaire à ce désir, j'ai fait choix du foyer public de l'Opéra, aux deux extrémités duquel se trouvent des cheminées placées dans des circonstances absolument semblables. L'une de ces cheminées a été chauffée, comme à l'ordinaire, avec du bois, et l'autre l'a été uniquement avec du coke que l'on a allumé avec quelques copeaux. Des thermomètres étaient placés près de chaque cheminée, mais de manière à ne pas éprouver l'influence directe du feu et à marquer seulement la température de la pièce.

« La température moyenne a été, pendant la soirée, pour l'extrémité du foyer chauffée avec le bois, de 13 degrés, et pour celle chauffée avec le coke, de 16 degrés. La différence entre ces deux termes est déjà assez considérable, mais elle s'augmente encore, si l'on déduit de chacun d'eux les degrés de température qui ont servi de point de départ, c'est-à-dire, 9 degrés. On trouve alors que le bois a augmenté la chaleur existante de 4 degrés, et le coke de 7, c'est-à-dire que ce dernier combustible a produit un effet presque double de l'autre.

« J'avais fait peser avec beaucoup d'exactitude les combustibles employés dans les deux cheminées, et l'on avait trouvé 73 kil. de bois et 30 kil. de coke. Le bois a été entièrement consumé; mais il est resté 6 kil. de coke propre à être réemployé, ce qui réduit la consommation à 24 kil. D'après les renseignemens qui m'ont été donnés par le feutier, les 73 kil. de bois équivalent à peu près à un neuvième de la voie; ce qui, au prix payé par l'administration, présente une dépense en bois de 3 fr. 50 c. environ. Les 24 kil. de coke peuvent être évalués à 1 fr. 80 c., partant du prix de 46 fr. la voie, qui est celui que l'usine royale fait payer aux grands consommateurs.

« On a donc obtenu, dans le foyer de l'Opéra, pour 1 fr. 80 c. de coke, une chaleur presque double de celle qui a été produite au moyen de 3 fr. 50 c. de bois.

« Je dois conclure des détails qui précèdent, que, tant sous le rapport de l'économie que sous celui de la production de chaleur, le coke est fort préférable au bois; mais j'ajouterai que si, dans une grande cheminée où l'on a besoin d'un feu violent, destiné à chauffer une vaste pièce, il peut facilement être employé seul, il n'en est pas tout-à-fait ainsi dans une cheminée d'une petite dimension. Dans ce dernier cas, le concours d'un peu de bois me paraît nécessaire; mais, malgré ce concours, il y a lieu encore à une très grande diminution de dépense.

« L'emploi du coke dans les calorifères et dans les fourneaux de chauffage à la vapeur, ne peut pas être moins avantageux. Enfin, je dois faire remarquer que son usage n'entraîne aucun changement dans les cheminées, et que tout au plus demande-t-il que l'on se serve d'une légère grille en fer. Je n'ai pas dû m'appesantir sur ce que le coke ne produit ni fumée ni odeur, parce que j'ai supposé, Messieurs, qu'il vous était suffisamment connu sous ces rapports. »

Je ferai remarquer que, pour comparer l'effet calorifique de combustibles qui se comportent différemment dans leur combustion, je ne pense pas que l'expérience doive se faire en les mettant en présence l'un de l'autre, bien que la distance d'une cheminée à l'autre, dans le lieu où cette expérience est faite, soit assez grande pour autoriser à croire qu'il ne s'exercera aucune influence d'un foyer sur l'autre. Le coke de bonne qualité étant plus avide d'oxigène que le bois, et produisant, à poids égal, une chaleur plus intense dans un foyer quelconque, ainsi que le démontre l'expérience rapportée, le courant d'air nécessaire pour alimenter la combustion et fournir l'oxigène au combustible, doit être par cela même plutôt attiré vers le foyer où brûle le coke; si, à la distance où se trouvent les foyers, le courant qui coopère à la combustion du bois n'est pas dérangé, on doit du moins présumer que l'air qui s'introduit par les ouvertures latérales ou leurs interstices, se porte de préférence vers le foyer où brûle le coke.

Si l'expérience eût été faite avec du coke provenant de la carbonisation par suffocation d'une houille de bonne qualité, je ne serais peut-être pas surpris de la différence de valeur qui existe entre les deux moyens de chauffage soumis à l'épreuve; et, dans l'intérêt public, je voudrais pouvoir admettre les résultats énoncés; il s'ensuivrait qu'une bonne houille, dans son état naturel, ou les produits de sa carbonisation par suffocation, procureraient une économie bien plus considérable que celle dont je cherche à me rendre raison : mais du coke provenant des usines de gaz est nécessairement dépouillé de la presque totalité de ses élémens les plus inflammables, tels que le gaz hydrogène, le bitume, l'huile essentielle; alors j'ai peine à comprendre, non pas la différence d'effet calorifique du coke et du bois à égalité de poids, mais la différence comparative de la valeur en espèces.

On n'aurait pas dû, ce me semble, défalquer de la depense du coke les 6 kil. jugés propres à être réemployés; car pendant la combustion de la totalité de ce combustible, les substances inflammables que contenaient les 6 kil. retranchés ont dû profiter à l'opération, et se sont dissipés. Pour ma propre satisfaction, je vais établir les choses comme je l'entends.

24 kil. de coke étant évalués à 1 fr. 80 c., chaque kil. revient à 7 c. et demi.

30 kil. à 7 c. et demi produisent 2 fr. 25 c.

Si cette dernière évaluation est fondée, le chauffage par le coke reviendrait à 2 fr. 25 c. au lieu de 1 fr. 80 c.

En faisant l'application des prix de la dernière expérience aux combustibles de la même espèce, pris dans le tableau de *l'Industriel*, et à la quantité de kilogrammes nécessaire pour élever la température de l'eau au degré d'ébullition, on a :

Coke de première qualité, 1 kil. 92, à 7 c. et demi,

14 c. 4.; 73 kil. de bois valant 3 fr. 50 c., chaque kil. revient à 4 c. 8.

Terme moyen des quatre espèces de bois portées au tableau, 6 kil. 60., à 4 c. 8., 31 c. 6.

Si l'on fait attention à la différence d'effet calorifique qui doit exister entre le coke de première qualité porté au tableau, et celui qui provient des usines de gaz, on remarquera une grande parité entre les résultats obtenus par MM. Christian et Debret. Malgré cela, je ne puis m'empêcher de trouver énorme la différence de valeur entre le chauffage par le coke et celui par le bois; mais j'avoue que je ne saurais apporter d'autre raison de cette opinion que celle de ne pas voir le premier plus généralement répandu, et le second réduit à une espèce d'abandon.

Extrait du TRAITÉ DE LA CHALEUR. (Paris, 1828.)

TABLEAU

De la quantité de chaleur développée par la combustion d'un kilogramme de combustible.

COMBUSTIBLES DANS L'ÉTAT NATUREL.		COMBUSTIBLES PRÉPARÉS.	
Houille grasse moyenne.	6000	Coke.	6500
Bois parfaitement sec.. .	3500	Charbon de bois.	7300
Bois dans l'état ordin. .	2600	Charbon de tourbe. . .	6400
Tourbe de bonne qual.	3000		

TABLEAU

Des valeurs relatives de différens combustibles estimés en volumes, sous le rapport de la quantité de chaleur qu'ils émettent dans leur combustion.

COMBUSTIBLES DANS L'ÉTAT NATUREL.		COMBUSTIBLES PRÉPARÉS.	
1 Hectol. de houil. moy.	480	1 hect. comble de coke.	182
1 corde de bois (4 mètres cub.) de noyer, d'une année de coupe. . .	7742	*Charbons.* *Id.* de noyer.	292
Id. de chêne blanc.	6846	*Id.* de chêne.	255
Id. de frêne.	5976	*Id.* de frêne.	219
Id. de hêtre.	5603	*Id.* de hêtre.	176
Id. d'orme.	4487	*Id.* d'orme.	167
Id. de bouleau. . .	4102	*Id.* de bouleau. . . .	153
Id. de châtaignier. .	4035	*Id.* de châtaignier. .	146
Id. de charme. . . .	5572	*Id.* de charme. . . .	176
Id. de pin.	4263	*Id.* de pin.	160
Id. de peupl. d'Ital.	3069	*Id.* de peupl. d'Ital.	109
1 corde de tourbe de Beauvais, 2e qualité, 2000 kil.			6000

Ces nombres ont été obtenus en multipliant le nombre de kilogrammes de matière contenue dans la mesure, par la faculté calorifique (*Ier tableau*) correspondant à un kilogramme de combustible, et en supprimant les trois derniers chiffres.

Lorsque l'on connaîtra, dans un lieu déterminé, le prix des différens combustibles, on pourra facilement connaître les plus avantageux, en divisant le prix par le nombre correspondant de la table précédente, ce qui donne le prix de 1000 unités de chaleur.

8

On appelle *unité de chaleur* la quantité de cha leur nécessaire pour élever un kilogramme d'eau d'u degré du thermomètre centigrade ; d'autres l'appel lent une *calorie*. Nous donnerons la préférence à l première, parce qu'elle est commode et assez géné ralement admise.

A Paris, par exemple, où la houille vaut ordinai rement 4 fr. 40 c. l'hectolitre, le coke 2 fr. 85 c. la corde de bois de hêtre à peu près 70 fr., et u hectolitre de charbon de bois, pesant à peu prè 22 kil., 4 fr.,

Le prix de 1000 un. de chal. par la houille. $= \frac{4,40}{480} = 0,00$

Le prix de 1000 un. de chal. par le coke. . $= \frac{2,85}{182} = 0,01$

Le prix de 1000 un. de chal. de bois de hêt. $= \frac{0,70}{5603} = 0,012$

Le prix de 1000 unités de chaleur de charbon de bois . . . . $= \frac{4}{7300 \times 22} \times 1000 = 0,025$

Ainsi on voit qu'à Paris le chauffage par le charbon de terre est le plus économique de tous, que le chauffage par le coke est plus cher que celui du bois, et que le chauffage par le charbon de bois est le plus cher de tous.

Cependant nous observons que les nombres du tableau précédent, qui donnent la valeur des combustibles estimés en volume, ne peuvent être considérés que comme des approximations susceptibles d'éprouver de grandes variations, suivant l'état des combustibles et la manière de les mesurer. Il faut toujours, dans chaque localité, déterminer directement le poids de la mesure des combustibles par plusieurs expériences; alors la valeur calorifique des combustibles estimés en poids (*Ier tableau*) donnera le moyen d'obtenir les valeurs calorifiques des combustibles mesurés en volume avec une approximation qui est toujours suffisante.

Quantité de chaleur rayonnante dispersée pendant la combustion des divers combustibles; la quantité totale de chaleur développée étant représentée par 100.

Charbon sec et menu	25
Charbon de bois	33
Houille, beaucoup plus.	
Coke, beaucoup plus.	
Tourbe, à peu près comme le charbon de tourbe.	
Charbon de tourbe	33
Huile de colza	16

On voit, à l'inspection de ce tableau, que les combustibles rayonnent d'autant moins de chaleur qu'ils donnent plus de flamme. Ainsi la combustion de l'huile rayonne moins de chaleur que celle du bois, et celle de ce dernier moins que celle du charbon[1].

(1) M. Péclet.

CHAPITRE IV.

DES VAPEURS MALFAISANTES QUE LES MATIÈRES IN FLAMMABLES PRODUISENT PAR LA COMBUSTION ET SECOURS A PORTER, DANS CETTE CIRCONSTANCE AUX PERSONNES QUI EN SONT ATTEINTES.

Les matières inflammables en combustion exhalent des vapeurs qui peuvent asphyxier les personne qui sont exposées à les respirer, quand ces vapeur pernicieuses ne sont pas entraînées dans l'atmosphère par un courant d'air.

En principe, les produits de la combustion doiven être de nature à ne point altérer les corps qui reçoivent la chaleur, et à ne pas porter dans l'air des ga ou des vapeurs capables d'exercer une action nuisible sur l'économie animale et végétale. Le carbone e l'hydrogène sont les seuls corps simples qui remplissent ces conditions; aussi les matières combustibles adoptées par l'usage sont celles dont ces deux corps forment les principaux élémens. Mais il en est plusieurs, telles que les houilles, qui contiennent en outre des substances nuisibles; c'est, dit-on, à l'emploi de ce combustible pour les usages domestiques qu'on doit attribuer le *spleen*, maladie endémique en Angleterre : il est présumable aussi que les influences atmosphériques du climat contribuent beaucoup à sa propagation. Quoi qu'il en soit, dès qu'on a pu reconnaître dans les houilles la nature des matières morbifiques qui s'en dégageaient, on a eu recours aux procédés les plus efficaces pour les en purger.

Dans certaines baignoires, on place au milieu de l'eau un cylindre rempli de combustible enflammé, et on l'ôte dès que le bain est suffisamment chaud; dans d'autres, c'est un réchaud, introduit sous la baignoire dans une espèce de four, qui communique à l'eau la chaleur. Ces deux méthodes donnent lieu au dégagement de gaz qui peuvent devenir nuisibles. On a trouvé le moyen de s'en garantir, soit en recevant la vapeur dans des tubes qui la conduisent à un tuyau d'écoulement ou au dehors par une fenêtre, soit simplement en établissant des courans d'air.

« Le charbon végétal et la houille en combustion, « la braise de boulanger, dont on ne se méfie pas com- « munément, et le bois, surtout lorsqu'il est vert, « fournissent abondamment ce terrible *gaz oxide* « *de carbone* qui est une des sources les plus fécon- « des de méphitisme, surtout en hiver dans les pays « froids. On a observé avec raison que le charbon vé- « gétal et la houille humides sont ceux qui occa- « sionnent le plus d'accidens; il en est de même du « bois qui n'est pas bien sec, avec lequel on alimente

« les foyers, surtout quand on ferme les tuyaux pour « concentrer la chaleur dans les appartemens. Les « cheminées à la prussienne et autres qui ont des sou- « papes que l'on a coutume de fermer la nuit après « y avoir brûlé beaucoup de bois dans la soirée, ne « sont pas non plus exemptes de dangers; et souvent « des personnes qui ont de ces cheminées dans leurs « chambres à coucher, se sont levées avec étourdisse- « ment, mal de tête et une stupeur semblable à l'as- « phyxie.

« Voici la marche des symptômes occasionnés par « cette vapeur : d'abord, mal de tête sourd, puis som- « meil, perte du sentiment et du mouvement, faibles « gémissemens; le visage est un peu enflé, sa teinte « est livide, la pupille est dilatée, les yeux sont à « moitié ouverts, le corps est beaucoup plus chaud, « quand on le sort du lieu méphitisé, que lorsqu'on « est parvenu à le rendre à l'exercice de la vie. La « mort est très fréquente à la suite de cette asphyxie, « que déjà plusieurs personnes choisissent pour se sui- « cider; il paraît que deux heures de retard dans les « secours à porter suffisent pour les rendre inutiles.

« Les secours particuliers, dans ce genre de mé- « phitisme, indépendamment des secours généraux « dont il a été parlé, consistent, après avoir mis le « malade entièrement nu, à le bien laver avec de « l'eau et du vinaigre, à l'asseoir sur une chaise en « plein air, la tête soutenue dans sa position natu-

« relle, de manière que le corps ne puisse vaciller; « à l'envelopper d'un drap fixé sous le menton, et « à lui jeter avec force et sans relâche de l'eau très « fraîche sur le visage et sur le corps, jusqu'à ce qu'on « aperçoive quelques signes de vie, ce qui n'arrive « quelquefois qu'après plusieurs heures. En Russie, « où ces accidens sont très fréquens, on transporte « l'asphyxié au grand air, sur la neige; on lui fait « avaler, s'il se peut, de l'eau ou du lait froid; on « continue à frotter jusqu'au retour de la couleur « naturelle; on remédie au violent mal de tête qui « succède, par un cataplasme de pain de seigle et de « vin.

« Les signes du retour à la vie sont d'abord de pe- « tits hoquets, le serrement et le sifflement des na- « rines, le serrement des mâchoires, le rejet de temps « en temps par la bouche, de glaires épaisses et écu- « meuses, même quelquefois de matières noires, puis « un tremblement universel qui est l'avant-coureur « du retour de la respiration. On profite d'un mo- « ment d'ouverture de la bouche pour interposer en- « tre les dents des morceaux de liége, de bois tendre « ou de racines de réglisse, insinuer quelques grains « de muriate de soude (*sel*) sur la langue, ou quel- « ques gouttes de liqueur aromatique, et l'on conti- « nue à jeter de l'eau jusqu'à ce que le malade com- « mence à articuler quelques mots. Enfin il parle, « mais il est presque dans le délire; ses yeux sont ou-

« verts, saillans, et il ne distingue aucun objet. Tou-« tefois, la connaissance ne tarde pas à revenir; « mais il se plaint d'une grande douleur au derrière « de la tête; son pouls est intermittent, il éprouve un « froid comme dans le paroxysme des fièvres d'accès, « bientôt suivi de la chaleur, accompagné d'un assou-« pissement plus ou moins considérable, d'une fai-« blesse et d'un accablement de tout le corps relatifs « à la violence de l'attaque et au tempérament du « malade ; il y a même assez fréquemment paralysie « de quelque organe. Cet état exige alors des soins « différens, dont nous parlerons en traitant des suites « du méphitisme.

« Les lieux qui ont été infectés du gaz oxide de « carbone, en restent long-temps imprégnés, surtout « dans les coins et dans les angles. On ne doit pas se « contenter d'ouvrir portes et fenêtres et d'établir « un courant d'air; il faut les laver avec beaucoup « d'eau, et principalement avec du lait de chaux; il « ne faut pas moins laver les linges et vêtemens du « malade avant de les lui rendre, parce qu'ils con-« servent long-temps une odeur désagréable, produite « par la vapeur qui les a asphyxiés [1].

« Malgré ce que dit Frédéric Hoffmann des effets « salutaires des vapeurs de la houille en combustion, « je ne saurais regarder que comme très vraisembla-« ble l'opinion qui lui attribue en grande partie la cause

(1) *Dictionnaire des Sciences médicales*, au mot *Méphitisme*.

« de la consomption et de la phthisie pulmonaire, si « communes à Londres. Je sais bien que, pour mon « compte, ces vapeurs m'incommodent beaucoup, et je « connais des personnes qui ne peuvent entrer dans un « appartement chauffé par un poêle où brûle le char- « bon de terre, quoiqu'il n'y ait pas d'odeur, sans « éprouver un élan douloureux à la région du front. « C'est ce qui me fait penser que l'éclairage au gaz hy- « drogène (il vaut mieux dire au gaz hydrogène car- « boné), indépendamment de ses défauts *luminifi- « ques*, n'est peut-être pas sans insalubrité. Du reste, « Hoffmann vante les bons effets des vapeurs de la « houille, seulement dans un air humide et épais, ce « qui revient à la distinction que les faits nous ont « conduits à établir ci-dessus pour les autres gaz.

« La chose la plus importante est de signaler, parmi « les quatre principales espèces de houille, l'espèce « pyriteuse, comme décidément nuisible, quoique, « dans les pays où ce combustible est nouvellement « employé, on n'y regarde pas de si près. Sa com- « bustion produit les mêmes effets que celle du sou- « fre, et, par conséquent, on ne doit en admettre l'u- « sage qu'après l'avoir désoufré ou purifié par une « combustion lente; et il est de rigueur que cette opé- « ration se fasse dans un lieu isolé, éloigné des habi- « tations et des champs en pleine végétation. Il se « dégage dans la calcination, opération où le corps « gras est en partie détruit et où il se forme un acide

« particulier; il se dégage, dis-je, un gaz fade et « nauséabond, que j'ai trouvé se rapprocher du gaz « oléfiant des marais[1]. »

SUPPLÉMENT[2].

TRAITÉ DU CHAUFFAGE.

Chauffage direct par la combustion.

Ce mode de chauffage dénature l'air, le rend impropre à la respiration, et ne peut être employé que dans des circonstances très limitées, dans le séchage de certaines substances, dans le chauffage de certaines étuves, et pour produire des ventilations artificielles.

Il est d'ailleurs rarement économique, parce qu'on est obligé d'employer des combustibles qui ne donnent pas de fumée, et qui sont en général plus chers que les autres; de plus, il est extrêmement dangereux et peut occasionner de graves accidens.

Ce mode de chauffage est cependant le premier que l'on a imaginé pour les habitations, et il est encore en usage chez un grand nombre de peuplades sauvages. Au centre de leur hutte grossière est placé un foyer dont la fumée sort par une ouverture pratiquée dans le toit.

Il n'est pas rare de rencontrer encore des personnes assez imprudentes ou assez ignorantes pour échauf-

(1) *Dictionnaire des Sciences médicales*, au mot *Insalubrité*.

(2) *Traité du chauffage*. M. Péclet.

fer, l'hiver, un appartement avec un fourneau à charbon ou un brasier. A Paris, on voit souvent, dans les petits logemens, des fourneaux de cuisine sans cheminée non-seulement au-dessus des fourneaux, mais même dans l'appartement. Ce qui contribue à propager cet usage dangereux, c'est le préjugé assez généralement répandu que la combustion de la braise ne produit aucun des funestes effets du charbon.

Les fabricans de cierges et de bougies chauffent encore leurs bassines avec des fourneaux à charbon, isolés au milieu de l'atelier, qui souvent n'a pas de cheminée.

En 1806, tous les hongroyeurs de Paris, et certainement tous ceux du reste de la France, échauffaient l'étuve dans laquelle on passe les cuirs au suif, au moyen d'un foyer à charbon de bois sans issue pour l'air brûlé. La quantité de charbon consommée était considérable; car la température de l'étuve était portée de 50 a 60°; les ouvriers étaient cependant obligés de séjourner dans cette étuve remplie d'acide carbonique, et il arrivait souvent de graves accidens. Ce ne fut qu'avec beaucoup de peine et des expériences qui démontrèrent combien le chauffage par les poêles était économique et salubre, que l'on parvint à leur faire adopter ce nouveau mode de chauffage.

Pour faire voir combien cet usage peut être dangereux, souvenons-nous qu'un kilogramme de charbon, en brûlant, convertit en acide carbonique la totalité de l'air renfermé dans neuf mètres cubes d'air : mais l'air devient impropre à la respiration, quand il ne renferme plus que le tiers de l'oxigène qu'il contenait d'abord; d'où il suit que la combustion d'un kilogramme de charbon rend irrespirables 27 mètres cubes d'air. Ainsi l'air d'un appartement clos, de 4 mètres de longueur sur 4 mètres de largeur et 3 mètres de hauteur, et renfermant, par conséquent, 48 mètres cubes de capacité, serait rendu impropre à la respiration, et asphyxierait les hommes qui le respirent, par la combustion de 1 kil. 74 de charbon. Mais c'est principalement dans des habitations beaucoup plus petites que cet usage pernicieux est établi, et où, par conséquent, l'air peut être vicié par une bien moindre quantité de charbon.

Ainsi le chauffage direct de l'air par le combustible doit être proscrit dans toutes les circonstances où des hommes doivent séjourner dans l'air échauffé. Il peut cependant être employé, comme nous l'avons dit, dans les séchoirs et les étuves, lorsque les appareils sont disposés de manière à faire évacuer l'air vicié par la combustion, avant que les ouvriers s'y introduisent.

CHAPITRE V.

PROPRIÉTÉ CONDUCTRICE DES CORPS.

Il sera bon de commencer par revoir les articles du premier chapitre qui nous donnent déjà quelques notions de la théorie intéressante que nous allons embrasser dans son ensemble.

La propriété des corps, de livrer passage au calorique, a été nommée *conductibilité;* et l'on appelle *puissance conductrice* la propriété qu'ils possèdent de transmettre la chaleur aux corps environnans.

Les corps qui absorbent et cèdent le calorique avec le plus de facilité, ont été nommés *bons conducteurs;* on a appelé *mauvais conducteurs* ceux qui opposent quelque obstacle à cette double action.

Lorsqu'une des surfaces d'une substance mauvais conducteur du calorique est subitement échauffée, elle se dilate; mais la chaleur ne passant pas avec la même promptitude à l'autre surface, elle ne se propage que lentement et avec difficulté au travers de cette substance : c'est le contraire pour une substance bon conducteur du calorique; la partie la plus éloignée d'un corps à la température rouge s'échauffera très vite.

« Pour se former une idée de ce qu'on entend par propriété conductrice des corps, imaginons une barre métallique exposée par une de ses extrémités à l'action constante du feu d'un foyer. Partagez, par la pensée, cette barre en un grand nombre de sections transversales; la section la plus voisine du foyer en prendra d'abord la température; la seconde section recevra sa chaleur de la première, et ainsi de suite; de sorte que si la barre est percée de trous assez grands pour contenir des réservoirs de thermomètres, on les verra monter successivement. Si nous considérons trois élémens A^1, A^2, A^3, très voisins, l'élément intermédiaire A^2 recevra de la chaleur de l'élément A^1 le plus rapproché de la source, et en communiquera à l'élément suivant A^3 : ainsi, d'après la loi de Newton, qu'un corps échauffé et soumis à une cause constante de refroidissement, telle que l'action d'un courant d'air uniforme, éprouve à chaque instant une perte de chaleur proportionnelle à l'excès de sa température sur celle du milieu environnant, le thermomètre A^2 éprouvera une élévation proportionnelle à l'excès de température de A^1 sur la sienne, et un abaissement proportionnel à l'excès de sa température sur celle de A^3.

« Il est visible, d'après cela, que si la barre n'éprouvait aucune déperdition de chaleur, chaque thermomètre monterait graduellement jusqu'à ce qu'il eût atteint la température du foyer. Mais cela n'existe pas; la perte de la chaleur a toujours lieu, et par le rayonnement, et par le contact du milieu environnant. Les thermomètres montent nécessairement moins vite que dans la supposition d'une perte nulle, et n'atteignent jamais la température du foyer; ils s'arrêteront lorsque la quantité de chaleur reçue par chaque section sera égale à celle qu'elle perd par le rayonnement et par le contact de l'air. Alors l'état thermométrique de la barre est devenu stationnaire, et la température de tous les thermomètres va toujours en diminuant depuis l'extrémité en contact avec le foyer, jusqu'à l'autre extrémité.

«Le décroissement de la température est d'autant plus rapide, que l'épaisseur de la barre est moindre; et si l'on cherche pour deux barres de la même substance, différentes en épaisseur, les distances au foyer où la température est la même, on trouve qu'elles sont comme les racines carrées des épaisseurs. Voilà pourquoi on tient impunément dans la main un fil métallique, à quelques pouces du point où il est chauffé au rouge[1]. »

Conductibilité des corps solides.

La plupart des métaux sont d'excellens conducteurs du calorique. Suivant M. Despretz, la conductibilité du cuivre est plus grande que celle du fer dans le

(1) *Traité de physique*. M. Despretz.

rapport de 12 à 5. Le marbre, dont la faculté conductrice n'est que la seizième partie de celle du fer, est deux fois meilleur conducteur que la porcelaine et que la terre de brique, qui occupe à peu près le même rang.

Les expériences des physiciens, dont le but était de déterminer les pouvoirs conducteurs des différentes substances, ont donné les résultats suivans :

SUBSTANCES.	Nombres proportionnels à la propriété conductrice.
Or.	2004
Argent.	1950
Cuivre.	1800
Fer.	750
Zinc.	729
Étain.	609
Plomb.	360
Marbre.	47
Porcelaine.	24
Terre des fourneaux.	22

Ce tableau fait voir qu'en général les métaux sont de bons conducteurs, que le marbre, la porcelaine et la terre à brique sont de très mauvais conducteurs. Ainsi la chaleur passera bien plus abondamment au travers d'un corps métallique qu'au travers d'un corps de porcelaine, toutes autres choses égales d'ailleurs.

Les corps solides conducteurs du calorique le transmettent dans toutes les directions, de bas en haut, de haut en bas et latéralement, sans que les parties qui les composent soient sensiblement déplacées.

Plus les corps solides sont bons conducteurs du calorique, plus ils nous paraissent froids quand nous les touchons, parce que, dans un temps donné, toutes choses égales d'ailleurs, ils enlèvent à nos organes une plus grande quantité de calorique.

Les oxides, les pierres, les terres, les bois, sont de très mauvais conducteurs. Le bois surtout est un conducteur tellement imparfait, que M. Despretz, dans une expérience où il voulait en comparer la propriété conductrice à celle du fer, l'a brûlé à une de ses extrémités sans pouvoir l'échauffer à quelques pouces de distance.

C'est ainsi que les manches d'outils de plusieurs artisans, les poignées de vases métalliques que l'on met sur le feu, sont garnis en bois pour empêcher que la température du métal ne se communique à la main.

Le verre, le charbon, les résines, sont mauvais conducteurs du calorique.

Personne n'ignore que l'ouvrier qui souffle le verre tient impunément entre les doigts l'objet qu'il façonne, près de la partie qui est rouge, tandis qu'il serait brûlé s'il tenait une barre de fer près du point rougi.

Conductibilité des corps poreux et légers.

Les corps poreux, légers, sont mauvais conducteurs, probablement parce que le calorique rayonne un grand nombre de fois entre leurs parties avant de pénétrer, et que leurs nombreux interstices sont remplis d'air atmosphérique, qui est très mauvais conducteur quand il est dans un état d'immobilité.

C'est d'après cette théorie qu'on rend certains vases métalliques mauvais conducteurs, en les entourant de plusieurs enveloppes séparées les unes des autres par une couche d'air. On dispose ainsi des vases en fer-blanc dans lesquels on peut conserver assez long-temps de la glace sans qu'il s'en fonde une grande quantité, et des mets chauds sans qu'ils se refroidissent beaucoup.

La soie, la laine, sont de mauvais conducteurs; les poils, et les étoffes qui en sont formées, conduisent d'autant moins la chaleur, à épaisseur égale, que leur tissu est plus fin.

Conductibilité des liquides et des gaz.

Les liquides et les corps gazeux paraissent très peu conducteurs du calorique: cependant les fluides sont les principaux véhicules de la chaleur; mais au lieu de la communiquer à la manière des corps solides, ils la conduisent d'un endroit à un autre par des courans qui s'y établissent, à cause de la mobilité de leurs particules; c'est pourquoi il est difficile de montrer la conductibilité des gáz ainsi que des liquides. Ce qui peut faire croire que la facilité du mouvement des particules contribue à donner au gaz la faculté de conduire la chaleur, c'est que, quand on gêne le mouvement de l'air par le moyen des corps légers, des plumes, de la laine, on les rend mauvais conducteurs. C'est l'effet que produisent les couvertures d'édredon, les couettes, les matelas.

Quoi qu'il en soit, quand les molécules des gaz ne sont pas gênées, elles transmettent la chaleur rapidement. Ainsi M. Pictet n'a pu observer une seconde de différence entre l'élévation d'un thermomètre à air et l'émanation de la chaleur d'un corps placé à distance.

Les fluides enfermés sont de faibles conducteurs de chaleur, et les fluides gazeux sont les plus lents: leur force conductrice est beaucoup affaiblie par une diminution d'intensité. D'après des idées plus ou moins complètes sur ces dernières propriétés, Alberti, l'un des plus anciens auteurs italiens qui aient écrit sur l'architecture, construisait les murs avec des vides. M. le comte de Rumford mit de doubles enveloppes aux chaudières, et M. Watt entoura d'étoffes les machines à vapeur.

Alberti s'exprime en des termes tellement appropriés au sujet que nous traitons, que le lecteur ne sera pas fâché de trouver ici un extrait de ce qu'il dit.

« Il faut ajouter toit sur toit, muraille à muraille; « plus l'espace qu'on laissera entre elles sera considé-« rable, et plus notre ombrage sera frais, plus il sera « impénétrable à la chaleur; car cet intervalle qui les « sépare a presque le même résultat, pour cet effet, « qu'aurait un mur de la même épaisseur : il est même « plus avantageux sous un rapport; car le mur retien-« drait plus long-temps, soit la chaleur du soleil, « soit le froid qui l'aurait pénétré, tandis que ces mê-« mes murailles conservent une température égale. « Dans les endroits où le soleil est excessivement ar-« dent, un mur bâti en pierres ponces est celui qui re-« tiendra le moins de chaleur. »

Échauffement et refroidissement des corps.

En général, les corps s'échaufferont d'autant plus vite qu'ils seront meilleurs conducteurs du calorique, et que leur capacité pour cet agent sera moindre.

Toutes choses égales d'ailleurs, un corps se refroidira d'autant plus vite qu'il aura moins de capacité pour le calorique, et qu'il sera meilleur conducteur. Les corps excessivement polis émettent difficilement le calorique, et par conséquent tardent beaucoup à se refroidir. Deux vases de même nature et de mêmes dimensions, l'un bien poli, l'autre raboteux, remplis d'eau bouillante, se refroidiront dans des temps inégaux; celui qui est poli est encore chaud quand l'autre est déjà refroidi.

Les corps blancs se refroidissent beaucoup plus lentement que les corps noirs: en effet, l'expérience prouve que leur pouvoir réfléchissant l'emporte de beaucoup sur leur pouvoir émissif.

A chaque instant, une foule de faits analogues aux précédens s'offrent à nous dans la vie commune, et l'on a remarqué que les vêtemens noirs sont également défavorables en été et en hiver.

Nous pouvons en conclure que les appareils et les conduits destinés à transmettre la chaleur au travers de leurs parois, donneront beaucoup plus de chaleur, s'ils sont raboteux et enduits d'une matière noire.

CHAPITRE VI.

CONSIDÉRATIONS GÉNÉRALES APPLICABLES AUX DIFFÉRENS MODES DE CHAUFFAGE.

« Il faut bien se pénétrer qu'il en est de l'emploi « de la chaleur, comme de celui de la force motrice, « de la puissance mécanique. Ce n'est pas une machine « qui augmentera jamais le service effectif d'une force « donnée; ce ne sera pas non plus un appareil, un « fourneau, quelque ingénieuses que puissent en être « et la conception et la construction, qui augmentera « jamais la quantité de chaleur qu'un kilogramme de « combustible est, par la nature de ses principes « constituans, en état de fournir et a pu fournir dans « les recherches scientifiques qui ont été faites à ce « sujet.

« Cependant bien des esprits s'égarent sur ce der- « nier point, comme sur le premier : les uns veulent « faire de grandes choses avec de petites forces; les « autres croient trouver dans des arrangemens de « fourneaux, de conduits à fumée, etc., etc., les « moyens de produire des quantités de chaleur cinq,

« dix fois plus considérables qu'il n'est dans la nature « du combustible d'en donner.

« Il semblerait, à les entendre, qu'un kilogramme « de houille qui brûle, est une source, pour ainsi dire « intarissable, de chaleur, et qu'il suffit d'entourer le « foyer de combustion de dispositions matérielles con« venables pour arriver à des effets merveilleux.

« Cette erreur est autant le fait de certains hommes « de pratique, que celui de beaucoup d'autres que « leur imagination entraîne, ou que des notions scien« tifiques incomplètes égarent bien plus souvent « qu'elles ne servent à les guider.

« Quoi qu'on fasse, on ne pourra jamais obtenir « au-delà de ce que peut donner un poids déterminé « de combustibles brûlé de la manière la plus con« venable.

« Mais on peut obtenir beaucoup moins de chaleur « qu'une combustion bien conduite devrait en don« ner ; ou bien on peut en perdre une quantité plus « ou moins grande, qui se dissipe sans retour.

« Et c'est en effet ce qui arrive presque générale« ment dans les différentes opérations auxquelles le « service du combustible est consacré; de telle sorte « que nous sommes fort loin, dans la plupart des cas, « d'atteindre la limite à laquelle s'arrête la quantité « de chaleur produite par une masse donnée de com« bustible.

« C'est donc à arriver à cette limite que tous les

« efforts de perfectionnement dans la construction « des appareils doivent tendre incessamment, et ja- « mais à la dépasser ; l'atteindre en serait la perfec- « tion ; vouloir aller au-delà serait une absurdité[1]. »

Nous savons que les corps les plus combustibles ne peuvent brûler sans le concours de l'air, et même sans son contact immédiat ; par conséquent, plus ce contact est complet, plus la combustion est active et énergique. Cela posé, il est évident que si l'on augmente la quantité d'air qui peut toucher les parties d'un corps combustible auquel il ne manque que le contact de cet élément pour se mettre en feu, on augmentera à proportion la quantité de ces parties qui s'embraseront à la fois, et que l'effet de la combustion doit augmenter dans la même proportion.

En général, l'élévation de température favorise la combustion d'un corps ; mais chaque corps en particulier exige une température particulière. Un corps ne pouvant brûler qu'en se combinant avec l'oxigène, et cette combinaison ne pouvant avoir lieu qu'au moyen d'un certain degré de chaleur, si le feu est petit et que le corps soit d'un gros volume, ou trop abreuvé d'eau, le feu est éteint avant que le corps ait eu le temps de s'échauffer assez.

On sait qu'en ajoutant du bois ou du charbon à un feu déjà allumé, son action augmente : il faut cependant que la quantité de matière ajoutée trouve un feu

(1) *L'Industriel.*

proportionné à son degré d'inflammabilité et à son volume : du bois vert ou une grosse bûche, ajoutés à un petit feu, n'y font que noircir ; mais si le bois est bien sec et divisé en petites parties ou copeaux, il s'y embrasera.

Les moyens de pratique qu'on doit employer se déduisent donc naturellement des antécédens : le tout se réduit à faire en sorte que le corps dont on veut dégager le calorique présente à l'air le plus de ses parties qu'il est possible, ou que, pendant sa combustion, il soit touché par la plus grande quantité d'air sec que faire se peut. Ainsi, en dirigeant un courant d'air sec sur les corps qui brûlent, on augmente et l'on accélère d'autant plus la combustion, que ce courant d'air est plus fort, comme le prouvent bien évidemment les effets des soufflets et des fourneaux à vent.

On fait journellement l'application de ces principes dans les opérations qui ne peuvent se faire qu'à l'aide du feu ; on a continuellement besoin, dans ces opérations, d'un courant d'air plus ou moins fort, et déterminé dans une certaine direction, pour produire le degré de chaleur qu'on veut avoir. On parvient à se procurer ces courans d'air par le moyen des soufflets, ou bien par la construction des foyers mêmes, qui peuvent en outre renfermer une suite de tuyaux propres à fournir un courant d'air, soit naturel, soit réchauffé ; et la forme du foyer doit être telle, que le feu, y étant concentré, agisse de toute son action sur l'air qui se précipite au travers; en le raréfiant, il augmente son ressort; l'air extérieur est déterminé et forcé à entrer successivement dans le foyer pour aller remplacer celui qui s'écoule avec vitesse par le tuyau, et forme par conséquent un courant qui, traversant le foyer, acquiert d'autant plus de force que la chaleur a plus d'intensité.

Puisque l'air chargé d'humidité n'est propre qu'à faire perdre de la chaleur, c'est une circonstance à laquelle il faut avoir égard pour l'emplacement des appareils; celui qui tire bien par un temps sec et dont le feu s'allume aisément, marche souvent difficilement quand la combustion est alimentée par de l'air humide.

Application de la propriété conductrice des corps à la pratique.

Le fer est un conducteur très rapide; on ne doit donc l'employer autour du feu qu'avec le plus de réserve possible, quand il s'agit, soit de concentrer le calorique, soit de l'empêcher de se dissiper avant qu'il arrive au lieu où l'on a besoin de son action; mais, en général, ceux qui travaillent le fer paraissent croire qu'il vaut mieux en employer beaucoup que de travailler d'après de bons principes.

Nous venons de voir (*tableau du chapitre précédent*) que la terre à brique occupe à peu près le même rang que la porcelaine parmi les corps mauvais conducteurs du calorique. La brique est depuis long-temps employée à la construction des foyers ainsi qu'à celle des conduits à fumée, ce qu'on peut attribuer à la facilité qu'elle offre dans son emploi, plutôt qu'à une suite de raisonnemens.

Un appareil destiné seulement à procurer de la chaleur par transpiration, devrait être construit avec des matériaux bons conducteurs: les corps de cette espèce qui offrent de la solidité, tels que les métaux, ayant le grave inconvénient d'exhaler une odeur fort désagréable et malsaine lorsqu'ils sont chauffés, font préférer l'emploi de la terre à brique pour former des carreaux auxquels on donne le moins d'épaisseur possible.

Pour empêcher la déperdition du calorique au travers des conduits destinés à transmettre la chaleur au loin, on les construit et on les entoure de matériaux mauvais conducteurs. Lorsque la surface est recouverte d'une couche de substance peu conductrice, le temps de refroidissement est en raison de l'épaisseur de la couche. Ce principe sert de fondement à la méthode d'envelopper les vases, ou de recouvrir les tuyaux à vapeur, de matières peu conductrices, pour s'opposer à la dispersion de la chaleur; mais, en général, l'enveloppe proposée doit être épaisse, et M. Leslie assure qu'une surface exige trois replis de flanelle pour que son pouvoir rayonnant soit détruit.

Mettre de doubles croisées à un appartement, revêtir les murs de lambris, faire de doubles murs aux serres, etc., c'est employer le même moyen pour empêcher la chaleur ou le froid de pénétrer dans l'intérieur, et pour prévenir la déperdition de la chaleur intérieure.

Tout ceci et des antécédens justifient bien ce qui a été avancé. « La pratique est nécessaire pour trouver « des données d'exécution, et les théories pour en fixer « les principes et en déduire des conséquences. » Et c'est par suite de ces conséquences qu'on recommande de laisser des vides dans la maçonnerie des fourneaux, de faire des portes doubles à leurs foyers, afin que l'air qui s'y trouve renfermé agisse comme mauvais conducteur; et cette propriété, qu'il possède au plus haut degré, comme fluide gazeux, augmente ici en raison que la chaleur qu'il éprouve diminue sa densité. Mais il faut reconnaître encore que les bons praticiens fumistes, soit par raisonnement ou par esprit d'observation, ont devancé cette théorie en isolant les conduits horizontaux à fumée et les conduits caléfacteurs des divers appareils de chauffage.

Précautions à observer.

Il ne suffit pas que les matériaux employés, soit à concentrer la chaleur, soit à la circulation de la fumée ou de l'air échauffé, soient mauvais conducteurs du calorique, il faut encore qu'ils soient préservés de l'humidité; car la plupart de ces corps ont la propriété d'absorber l'eau et de la retenir fortement. Mais aussitôt que l'humidité les pénètre, leur faculté conductrice se trouve beaucoup augmentée. Les substances qui peuvent servir pour cet objet sont le charbon pilé, les cendres, la sciure de bois, le son, la chaux pulvérisée, la brique en poudre. La matière employée comme mauvais conducteur, ne doit pas être trop pressée dans la place qu'elle occupe; on en conçoit la raison.

Au moyen de la connaissance des propriétés physiques et chimiques des différens corps, de l'influence qu'exercent la nature des matériaux, l'état et la couleur de leur surface, ainsi que de ce qu'il convient de faire pour mettre à profit la chaleur qui émane des combustibles en ignition, en empêchant qu'elle ne se dissipe inutilement dans l'atmosphère, si l'on peut réussir à consumer les gaz inflammables dans les foyers, ce qui peut avoir lieu à une température élevée et par l'effet d'une addition de gaz oxigène, on devra se flatter d'obtenir des appareils aussi bons qu'il est possible et qui ne répandront pas de fumée dans les appartemens.

Les principes élémentaires bien entendus, on doit voir les applications utiles que l'on en peut faire aux appareils destinés au chauffage des appartemens, aux fourneaux économiques et aux matières qui forment les parois ou l'enveloppe des foyers, des conduits à fumée, des conduits caléfacteurs, et qu'avec le secours de ces théories chacun peut se rendre compte des effets du calorique, ainsi que des mouvemens des fluides élastiques déterminés par la combustion.

J'ai cherché à expliquer les principes élémentaires de manière qu'ils pussent être facilement compris par ceux mêmes qui n'ont aucune notion ni de physique ni de chimie. Si je me suis étendu sur ces principes, c'est dans l'intime persuasion que, sans leur concours, il est impossible, à moins d'être favorisé par le hasard, de produire aucune amélioration véritablement utile. Pour remplir mon but, qui est de contribuer autant qu'il est en moi aux progrès de l'art de chauffer, je devais donc exposer en détail des théories qui sont la base essentielle de cet art, avant de passer au développement des procédés d'exécution.

CHAPITRE VII.

COMPOSITION MATÉRIELLE DES APPAREILS DE CHAUFFAGE.

Chacun des traités particuliers renfermera les détails relatifs à l'objet spécial auquel il est consacré : nous continuerons donc à ne nous occuper ici que des généralités communes à tous les modes de chauffage.

Pour éviter de confondre les différentes parties d'un appareil, il est nécessaire de donner à chacune une dénomination qui lui soit propre. La plupart des auteurs qui ont écrit sur quelques branches de l'art de chauffer, prennent indistinctement le tout pour la partie, à l'occasion des faits particuliers, et *vice versâ* : c'est une confusion de mots qui répand quelquefois du louche dans leurs descriptions. Par exemple, le *rétrécissement* de la cheminée est une expression vague, puisqu'on peut rétrécir le tuyau aussi bien que le foyer, etc. Qu'on ajoute des tuyaux pour faire circuler la fumée, des tuyaux pour la circulation de l'air, on ne pourra préciser d'une manière satisfaisante ce qui appartient aux uns, ce qui a rapport aux autres, sans se jeter dans des longueurs qu'on doit éviter avec soin, cette matière devant être traitée comme une simple description d'objets et l'exposé des faits soumis à la discussion qui peut les éclaircir.

En conséquence, donnant à chaque partie de l'appareil un nom approprié à sa destination, nous appellerons, 1° *foyer*, le lieu où se fait le feu; 2° *conduits à fumée*, les tuyaux pour la circulation de cette vapeur; 3° *conduits aérifères*, les tuyaux destinés à la circulation de l'air, que ce soit pour introduire cet air dans l'intention d'alimenter la combustion, pour la ventilation, ou pour des ventouses; 4° *conduits caléfacteurs*, ceux dont la fonction est de transmettre la chaleur au moyen de courans d'air échauffé; 5° *tuyau d'écoulement*, celui par lequel s'échappent les produits que transmet le foyer (produits que nous confondrons désormais sous la dénomination de *fumée*); 6° *tubes*, les tuyaux particulièrement affectés au chauffage à la vapeur; 7° *regards*, les ouvertures pratiquées dans les tuyaux, ou dans les conduits, pour faciliter le moyen de les nettoyer; 8° enfin, *obturateur*, l'objet quelconque destiné à boucher ces ouvertures.

SECTION PREMIÈRE.

Foyers.

Il y a deux sortes de foyers : les uns sont ouverts, les autres sont fermés. Les premiers servent particulièrement pour les cheminées : quand on y brûle du bois, ce combustible repose sur des chenets immédiatement établis sur l'âtre ; quand c'est de la houille ou du coke, le combustible est supporté sur une grille élevée à un certain degré au-dessus de l'âtre, et il se trouve ainsi enveloppé par le courant d'air qui alimente la combustion. Les seconds font partie de la composition de tous les autres appareils : on y brûle indistinctement toutes les espèces de combustibles sur des grilles qui séparent le foyer d'un cendrier établi au-dessous, excepté dans les appareils où l'on brûle exclusivement du bois.

Les foyers construits sur les meilleurs principes sont ceux qui répandent la plus grande quantité de chaleur rayonnante sur les objets qu'ils doivent échauffer, et qui, en même temps, laissent échapper la plus petite quantité de calorique.

On peut obtenir ces deux conditions, 1° au moyen de la forme du foyer ; 2° en construisant ses parois avec des matières qui soient, pour parler le langage de la science, mauvais conducteurs du calorique, et dont la surface, bien dressée ou polie, puisse réfléchir la chaleur, comme ferait un miroir, telles, par exemple, que les métaux polis d'une couleur blanche, les briques, toutes les substances terreuses, et notamment la faïence blanche ; 3° en préservant de l'humidité ces mêmes matières, ainsi que les foyers.

Si à tous ces moyens on ajoute des vides dans la

maçonnerie des parois, on obtiendra du calorique le plus grand effet possible.

On peut considérer l'air dilaté par la chaleur dans un appareil quelconque, comme un fluide plus léger que l'air atmosphérique, et qui doit nécessairement s'élever avec une rapidité proportionnée à la différence de pesanteur, de sorte qu'il doit s'établir un courant rapide et non interrompu de l'air extérieur.

Du courant d'air qui s'introduit dans un foyer, la partie seule qui se trouve en contact immédiat avec le combustible allumé contribue en quelque chose à la chaleur qui est produite; la partie restante qui pénètre dans le foyer ou qui le traverse, ne fait que dérober une quantité quelconque de cette chaleur, et l'enlever par le tuyau d'écoulement. On obviera à ce dernier inconvénient, en dirigeant l'air qui doit alimenter la combustion de manière qu'il soit obligé de traverser le feu; et c'est ce qu'on obtient dans tout appareil dont le cendrier est disposé pour cet effet.

La combustion, dans le foyer d'un appareil, détermine d'autres courans dont nous avons rapporté les effets dans la sect. III du chap. II.

En supposant qu'on veuille obtenir un même effet de chaleur, la capacité du foyer doit être plus grande en employant du bois qu'en employant du charbon; car indépendamment de ce qu'alors le volume du bois doit excéder celui du charbon pour obtenir un même résultat, le bois produit une flamme qui s'alonge bien plus que celle du charbon, et toute la chaleur est au centre de la masse.

L'arrangement du combustible dans le foyer n'est point une chose indifférente, soit pour augmenter l'effet du calorique, soit pour éviter l'inconvénient de la fumée; il est nécessaire qu'il présente le plus de points de contact possibles à l'air atmosphérique, afin que la combustion ait lieu spontanément et qu'elle puisse acquérir assez de force pour dilater l'air du foyer, raréfier celui du tuyau, et exciter un courant capable de surmonter le refoulement de la colonne d'air extérieur qui tenterait de s'introduire par la sommité du tuyau. Un appareil qui fume quand il n'y a qu'un petit feu, pourra ne pas fumer si l'on donne au feu plus d'aliment, toutes autres choses restant égales.

Maintenant que nous connaissons l'influence qu'exercent la nature des matériaux et l'état de leur surface sur l'effet du calorique retenu entre leurs parois, et toutes les autres circonstances, c'est à nous de chercher tout ce qui peut contribuer à l'augmenter: ainsi une brique blanche et poreuse, qui résistera bien au feu, sera la meilleure; et si l'on peut parvenir à composer un mastic facile à employer, qui aurait la même qualité que l'émail de la porcelaine, pour en revêtir les parois, on pourrait se flatter d'avoir obtenu tout ce qui est encore à désirer pour la perfection de ces objets.

La fumée, produit de la combustion dans un foyer quelconque, s'élève verticalement, si quelque obstacle ne s'oppose à ce mouvement naturel d'ascension. On peut la contraindre à suivre une direction contraire, lui faire faire plusieurs circonvolutions dans le but d'utiliser sa chaleur : mais pour cela il est nécessaire d'employer un moyen accessoire qu'on nomme *foyer d'appel;* il en sera question à la fin de la section où il est parlé des *tuyaux d'écoulement*, parce que c'est dans ces tuyaux que ce foyer d'appel doit être établi.

Dans les foyers des différens appareils, sans aucune distinction, on peut construire un système de conduits propres à porter un courant d'air chaud au dehors du foyer, sans nuire à l'objet principal qu'on se propose, pourvu que la disposition du système soit combinée à cet effet.

SECTION II.

Conduits à fumée.

On doit supposer que les peuples qui habitent des pays où l'hiver est plus rigoureux ont fait de grands progrès dans l'art de préserver du froid leurs appartemens; aussi est-ce dans les contrées septentrionales qu'il faut aller chercher l'origine des conduits disposés dans un appareil pour utiliser la chaleur de la fumée, en faisant faire à celle-ci de longues révolutions avant qu'elle se dissipe dans l'atmosphère. On peut dire que les premiers essais ont été des coups de maître; car il était plus difficile d'entreprendre de la faire circuler alternativement de bas en haut et de haut en bas, ainsi que cela s'est pratiqué d'abord, que de lui faire suivre un chemin horizontal.

Dans chacun de nos traités particuliers, on trouvera une foule d'exemples des procédés suggérés par la nécessité et mis en œuvre par l'industrie pour utiliser toute la chaleur d'un même feu. Nous devons donc nous borner ici à des considérations générales sur les conduits à fumée. Déjà les articles précédens ont fait suffisamment connaître le degré d'influence qu'exercent la nature des matériaux propres à leur construction, l'état de leur surface et leur degré de siccité.

« Suivant M. Chaptal, la flamme d'une masse de « bois embrasé peut parcourir une distance de plus « de vingt pieds, comme on le voit tous les jours dans « les fourneaux des distillateurs d'eau forte, d'acide « vitriolique, etc. On y met le feu par un bout, et la « flamme sort par le tuyau d'écoulement placé à l'au- « tre bout, éloigné du premier de dix à vingt pieds. »

L'expérience a démontré que la fumée produite par la combustion du bois est susceptible de transmettre la chaleur au travers de parois minces consistant en deux tuiles posées à joints découpés et enduites en mortier de terre argileuse, matières mauvais conducteurs du calorique, à environ 40 ou 45 pieds du foyer; la fumée produite par la combustion de la houille, environ à 20 ou 25 pieds, quoique le feu de cette dernière combustion soit susceptible d'acquérir plus d'intensité dans le foyer. On conçoit, d'après cela, quel parti avantageux on peut tirer des conduits à fumée.

Indépendamment des révolutions que l'on peut faire parcourir à la fumée dans le corps d'un appareil quelconque, on peut la faire servir, dans un rez-de-chaussée ou une cave voûtée, à chauffer la pièce même, ou une autre pièce contiguë, en lui faisant suivre le trajet du foyer au tuyau d'écoulement dans un conduit horizontal (*fig.* 6, *pl.* I), lorsqu'il est possible de l'établir dans l'épaisseur de la voûte, ou dans le remblai. Même en terrain sec, les conduits seront isolés; si l'on en fait le fond en forme de demi-cercle, coupe *A*, la fumée se rassemblera mieux, et l'on obtiendra un peu plus d'épaisseur de parois. On pourra, dans certaines parties, couvrir le conduit avec des plaques métalliques *B*, pour obtenir un plus prompt et un plus grand effet de chaleur.

Une voûte n'est-elle pas assez épaisse pour y pratiquer un conduit, ou bien désire-t-on établir un appareil à l'endroit où il n'existe pas de tuyau d'écoulement, sans déranger le parquet ou le carrelage d'une pièce; on peut faire passer la fumée dans un tuyau en fonte de fer (*fig.* 7, *pl.* I), qui serait suspendu à l'intrados de la voûte d'une cave. Ce moyen peut encore être employé, dans une fabrique, pour chauffer la partie supérieure d'une pièce qui serait située au-dessous d'un appareil.

La fumée, en s'éloignant du foyer, perd de son ressort par le refroidissement; elle est moins susceptible de suivre le mouvement contraire à celui qui lui est naturel : il faut donc favoriser ce mouvement, et faire en sorte qu'elle passe des conduits horizontaux au tuyau d'écoulement, par un plan incliné en montant, et surtout se garder d'opérer le contraire, comme je l'ai vu pratiquer; car la fumée qui se condense dans le tuyau d'écoulement, pendant et après le refroidissement, tombe en eau, et forme en *A* (*fig.* 8), un dépôt dont le séjour est très préjudiciable au tirage.

Dans plusieurs cas, on peut obtenir un plus grand effet des conduits à fumée, au moyen de tuyaux en fonte de fer placés et supportés dans ces mêmes conduits par des tasseaux en brique (*fig.* 9); le dessus serait ouvert et aurait des feuillures propres à recevoir autant de cadres grillagés qu'on le jugerait à propos; le surplus pourrait être dallé ou fermé avec des plaques métalliques.

En passant dans des tuyaux métalliques exposés de toute part à l'action directe du feu ou de la fumée, l'air extérieur qu'on y introduit s'échauffe, acquiert une grande légèreté, et prend un mouvement très accéléré. Si donc on adapte dans les conduits à fumée un conduit caléfacteur *A* (*fig.* 10), et qu'on fasse déboucher l'air réchauffé à l'endroit où l'on craindrait que la fumée pût rester stationnaire, je crois que ce serait un moyen sûr de l'entraîner dans le tuyau d'écoulement; que c'en serait un également de faire parcourir un plus long trajet à la fumée, de purger les conduits de l'humidité qu'ils pourraient contenir, et de rendre peu nécessaire, ou même inutile, l'effet du foyer d'appel, quand les conduits caléfacteurs auraient acquis un certain degré de chaleur.

On peut encore tirer parti de ce moyen d'échauffer l'air, pour porter un courant de chaleur dans la pièce où se trouve le conduit à fumée, ou dans d'autres pièces voisines, en y faisant déboucher le tuyau métallique; et c'est ainsi qu'on peut réunir trois manières de chauffer avec un même feu: 1° par rayonnement, ou par émanation de la chaleur d'un foyer fermé; 2° par transpiration au travers des parois du conduit à fumée; 3° par un courant d'air réchauffé.

On peut faire revenir la fumée au foyer; enfin, on peut lui faire parcourir d'autres circuits, dont la combinaison dépend de la localité, du but qu'on se propose, ainsi que de l'appareil qu'on emploie.

SECTION III.

Conduits aérifères.

Les conduits aérifères servent les uns à fournir directement au foyer un courant d'air pour alimenter la combustion et empêcher la fumée d'être refoulée dans les appartemens; les autres à procurer de l'air dans la pièce pour remplir le même but, ou pour la ventilation; enfin, il en est qui servent à alimenter les ventouses.

« Quand les petits lieux, dit P. Delorme, comme « garde-robes et cabinets, sont si bien serrés et clos « que le vent ne peut y entrer, indubitablement ils « sont sujets à fumer, auxquels il est fort difficile de « remédier, pour autant que tels lieux sont semblables « à un vase n'ayant qu'une ouverture; lequel si vous « remplissez tout d'eau et renversez contre bas le trou « par où vous l'avez rempli, jamais il ne s'évacuera, « si vous ne lui donnez air par quelque côté. Ainsi « est-il des cheminées qui sont aux petits lieux étant « si bien clos et fermés que le vent et air n'y peut au- « cunement entrer; car, combien que l'ouverture de « leurs tuyaux soit ample et spacieuse comme il faut, « ce néanmoins la fumée ne peut sortir qu'à grande « peine, pour n'avoir contre-poussement d'air par le « dedans au dehors, qui fait qu'on est contraint d'ouvrir « quelque porte ou fenêtre, si aucune s'y trouve. La « raison de cela est apparente; car la flamme n'est « autre chose qu'un air alluiné suavement agité ou « éventé; si donc il n'y a quelque mouvement et douce « agitation de l'air, il n'y aura pas de flamme, il y « aura suffocation et fumée; *ergo*, la difflation y est « requise et nécessaire. (Ces vieilles idées ne sont-

« elles pas d'accord avec les plus saines doctrines de « la physique moderne?) Mais délaissons tous ces er- « gotismes pour venir aux aides et remèdes. Quel- « quefois on fait aux côtés des cheminées certains « trous qui passent au travers le plancher ou le seuil « et l'aire de l'enchevêtrure de la cheminée, au long de « ses piédroits : combien qu'il serait beaucoup meilleur « que fût par-dedans le piédroit, et conduire ledit « trou par un petit tuyau jusqu'au droit de la retraite « de la hotte de la cheminée ; car, ainsi faisant, ils ne « se verraient point, et se pratiquerait dedans ledit « tuyau un petit vent qui chasserait la fumée jusques « au dehors. Il faut aussi noter que ladite fumée est « quelquefois causée quand les vents s'entonnent dans « les tuyaux des cheminées ; laquelle chose advient le « plus souvent quand les tuyaux sont en droites lignes « et regardent les parties occidentales ou bien le midi : « car ainsi que le vent souffle sur la longueur de la « fente, il rabat facilement la fumée et fait qu'elle ne « peut sortir. »

Dans les notes de sa traduction de Vitruve, Perrault indique un autre procédé. « Mais surtout, dit-il, « les précautions que l'on doit apporter pour em- « pêcher que les cheminées ne fument, sont dignes « d'occuper les soins d'un architecte. Je rapporterai « à ce propos un moyen assez commode pour cela. « Il consiste à ôter la principale et la plus ordinaire « cause qui fait fumer, qui est le défaut du reflux de

« l'air qui est nécessaire pour faire couler la fumée « dans le tuyau; car il arrive rarement qu'une chemi- « née fume, lorsque la porte ou les fenêtres sont ou- « vertes. On enferme dans l'épaisseur du plancher « un tuyau de quatre pouces de diamètre, qui, ayant une « de ses ouvertures dehors et passant sous le foyer, « va s'ouvrir à quelqu'un des coins de la chambre; ce « tuyau fournit l'air qui est nécessaire à l'écoulement « de la fumée, et la chaleur du foyer, qui se commu- « nique en passant à cet air, empêche qu'il ne refroi- « disse la chambre, comme ferait celui qui entrerait « par la porte ou par les fenêtres. »

On peut juger par la fin de la note de Perrault que le moyen, quoique incomplet, d'échauffer l'air avant de l'introduire dans la pièce, remonterait presque jusqu'au milieu du XVIIe siècle.

Ces deux architectes renommés ne pouvaient avoir en vue que les cheminées; et néanmoins leurs procédés sont applicables à tous les modes de chauffage, autant pour empêcher le refoulement de la fumée que pour contribuer à la ventilation. Il faut convenir, en outre, que ces procédés sont encore ce qu'il y a de plus efficace pour se préserver du désagrément de la fumée, et que la plupart de ceux qu'on a employés avec succès dans la construction des nouveaux foyers, grands et petits, n'en sont qu'une application plus ou moins perfectionnée. Voulez-vous empêcher le refoulement de la fumée dans les appartemens? procurez une grande abondance d'air dans la pièce où est établi le foyer de combustion, et faites en sorte de pouvoir en régler l'entrée à volonté. Mais, dira-t-on, si l'on fait affluer beaucoup d'air dans une pièce, il ne sera pas possible de l'échauffer avec le feu de l'appareil! J'en conviens, si l'on n'introduit que de l'air froid; mais, de deux choses l'une: il faut, ou respirer librement un air qui se renouvelle sans cesse, ou se résoudre à s'enfumer soi et ses meubles. En construisant, je pense qu'il faut disposer en même temps des conduits analogues à ceux qu'indique P. Delorme, et ménager le courant d'air de Perrault, en faisant attention de les arranger de manière qu'on puisse leur faire produire l'effet qu'on désire, sans porter dans la pièce un excès de fraîcheur plus désagréable que l'incommodité dont on veut se garantir.

Nous n'aurions donc plus qu'à faire connaître la méthode d'introduire l'air en évitant de tomber dans ce dernier inconvénient; mais cette méthode embrasse des détails de spécialité qui exigent que nous en renvoyions l'explication à nos traités particuliers. Quant aux ventouses, je démontrerai qu'il est facile de les établir de manière qu'elles ne produisent d'autre inconvénient que celui d'entraîner une petite partie des rayons de chaleur par le tuyau d'écoulement. Quoi qu'on ait pu dire sur leur emploi, je suis convaincu que c'est encore le procédé le plus efficace contre l'infection de la fumée, et que sans leur concours la plupart de nos petites pièces d'habitation ne seraient pas tenables. Mais comme ce moyen préservatif est particulier aux cheminées, il en sera fait mention dans le traité qui les concerne.

ARTICLE ADDITIONNEL[1].

La première cause qui peut produire de la fumée est le défaut de ventilation, ou seulement la difficulté de l'introduction de l'air froid dans l'appartement. On conçoit, en effet, qu'il doit y entrer constamment un volume d'air froid égal à celui qui s'élève dans la cheminée; par conséquent, si l'appartement est exactement fermé, la fumée, ne pouvant s'élever sans y faire un vide, sortira dans l'appartement lui-même; ainsi tout se passera comme s'il n'y avait pas de cheminée. Cependant il arrive presque toujours qu'une certaine quantité de fumée s'élève dans la cheminée; cet effet provient d'un double courant qui s'établit dans le canal par une partie duquel l'air extérieur rentre dans l'appartement, tandis que la fumée s'élève par l'autre: mais ces deux courans n'étant point séparés, le courant descendant entraîne toujours avec lui une portion de fumée qui s'introduit dans l'appartement.

Cette cause aura évidemment une influence d'autant plus grande que l'appartement sera plus petit, que les portes et les croisées joindront plus exacte-

(1) *Traité de la Chaleur*. M. Péclet.

ment, et que le diamètre de la cheminée sera plus considérable.

SECTION IV.

Conduits caléfacteurs.

De quelque manière que la propagation de la chaleur se fasse, il est de fait que l'air atmosphérique la transmet promptement, et que cette propriété était déjà connue du temps de Perrault. Depuis, on a imaginé de se servir de la chaleur produite dans un foyer, pour échauffer l'air extérieur, celui de la pièce ou d'une autre pièce voisine, en la faisant passer par un système de conduits disposés à cet effet; dans l'intention de remplir le double but d'empêcher un appareil de répandre de la fumée dans l'intérieur, et, en l'introduisant dans la pièce même et non dans le foyer, de tirer tout le parti possible du calorique pour échauffer les appartemens. Cependant on a été longtemps à faire usage du moyen ou à le répandre; car dès 1713, M. Gauger, dans sa *Mécanique du Feu*, en établissait la théorie, et donnait la description d'un système adapté dans le foyer d'une cheminée.

La nécessité d'obtenir un plus grand résultat d'un même feu a fait faire l'application de ce procédé, d'abord à des poêles à courans d'air qui échauffent par transpiration, et à l'aide du moyen indiqué; vinrent après les calorifères; et nous verrons par la suite qu'on peut établir un système de tuyaux propre à remplir le même but dans toute sorte d'appareils.

Soit (*fig.* 11, *pl.* II) un système de conduits caléfacteurs établi dans le foyer d'un appareil quelconque : pour faire que l'air du dehors entre par l'orifice *A*, et sorte ensuite par l'issue d'en-haut *B*, quelque circuit qu'il fasse, il ne faut point d'autre artifice que le feu qui est dans le foyer ; ainsi, tant qu'il y aura combustion, l'air circulera continuellement, et s'échauffera de plus en plus. Cet exemple suffit pour démontrer qu'on pourra l'introduire dans la pièce, dans d'autres pièces voisines, ou dans des pièces supérieures.

L'influence des conduits caléfacteurs est tellement puissante, soit pour empêcher le refoulement de la fumée, soit pour échauffer l'air d'une pièce ou y en introduire de chaud, qu'il sera nécessaire d'en parler dans chaque traité particulier.

Cette méthode a encore l'avantage de chauffer tout l'air de la chambre, de sorte que les personnes qui s'y trouvent en ressentent l'impression ; de tenir les lieux toujours secs, parce que l'air perd de son humidité en s'échauffant dans les conduits. En effet, son ressort augmente ; il s'étend avec promptitude ; il est avide de s'emparer de l'humidité qu'il a perdue, ce qu'il ne peut faire qu'en soutirant celle des corps sur lesquels il exerce son action. Si la chaleur et la sécheresse devenaient extrêmes dans la pièce, et qu'on en fût incommodé, il serait facile d'y remédier en fermant l'orifice d'entrée de l'air chaud avec un bouchon métallique ferré à charnière sur une douille que l'on introduit dans l'orifice. On doit concevoir que, pour que le courant d'air produise de l'effet, il faut un certain degré de chaleur dans le foyer.

Considérations sur la disposition des conduits caléfacteurs.

La condition la plus avantageuse, c'est que l'orifice d'entrée de l'air soit plus bas que celui de sortie, pour que la circulation s'établisse bien, à quelque degré d'ailleurs que l'air soit échauffé.

Quand l'air doit être échauffé à mesure qu'il entre, on ne peut parfois y réussir lorsque certains vents se font sentir, à moins qu'on ne l'introduise par quelques points du côté du bâtiment d'où ces vents soufflent, ou par un tuyau à air élevé : mais, dans ce dernier cas, la sommité du tuyau doit être construite de manière que le vent puisse forcer l'air d'y descendre de quelque côté qu'il vienne. Si l'on néglige ces précautions, l'appareil le mieux construit d'ailleurs sera sans effet par certains vents.

L'air tiré d'une cave sera toujours le meilleur moyen d'alimenter les conduits, parce que l'orifice d'entrée de l'air pourra être plus bas que celui de sortie, et que l'air d'une bonne cave a déjà un degré de température propre à favoriser le succès de l'opération.

Dans tout ce qu'on exécute pour chauffer l'air, on doit éviter que l'air échauffé et contenu dans le conduit ne s'élève immédiatement par un jet vertical; son mouvement doit d'abord être ou horizontal, ou fort incliné, de sorte qu'il s'étende le plus qu'il sera possible.

Précautions à prendre.

De quelque manière qu'on introduise l'air pour échauffer une pièce ou y établir des courans, qu'il soit tiré de l'extérieur ou d'une autre partie de l'édifice, il faut s'assurer qu'il n'existe à sa source aucune matière susceptible de lui communiquer de la mauvaise odeur; car pour peu qu'il y eût d'air vicié dans les canaux destinés à son passage, principalement dans les conduits caléfacteurs, la puanteur, se développant par l'effet de la chaleur, deviendrait plus sensible dans la pièce qu'on veut échauffer que dans le lieu même où elle aurait pris naissance.

SECTION V.

Tuyaux d'écoulement.

Après la rareté de l'air nécessaire pour déterminer et entretenir la combustion, les tuyaux d'écoulement remplissent le rôle le plus important dans les effets de la combustion. En général, il paraît aussi difficile de préciser la cause qui contribue à ce qu'il fume dans une chambre, que de combattre l'effet par un moyen unique. Les dimensions ainsi que les formes des tuyaux d'écoulement ont été le sujet d'opinions bien différentes. Les uns conseillent de les construire étroits en haut et larges en bas, parce que la fumée, disent-ils, ayant perdu une grande partie de sa force de ressort quand elle est parvenue au haut du tuyau, est moins capable de s'opposer à l'entrée de l'air extérieur, et que le rétrécissement de ce même tuyau à sa partie supérieure, la contraignant de se presser pour en sortir, fait qu'elle parvient à repousser et vaincre la colonne d'air atmosphérique. Les autres conseillent d'évaser ces mêmes conduits à mesure qu'ils s'élèvent, et se fondent sur l'effet naturel de la fumée, qui, à la sortie du tuyau, se répand dans l'atmosphère, par un temps calme, sous la forme d'un cône renversé. Le feu, disent-ils encore, pousse plus aisément la fumée en haut lorsqu'elle est resserrée en bas : or, en montant, elle trouve plus d'espace pour sortir et se dégager, et elle peut dès lors ne pas se rabattre aussi facilement dans la chambre. Ces derniers, au nombre desquels sont Jean Bernard et M. Sachtleben, n'ont pas considéré que la fumée ne saurait agir entre les parois d'un tuyau comme à l'air libre; ils n'ont pas senti non plus la difficulté qu'il y aurait à construire de pareils tuyaux. Savot, qui a écrit fort longuement sur les cheminées, indique le rétrécissement du tuyau à la hauteur du plancher.

Le combustible, en brûlant, est en partie converti en matière gazeuse qui s'élève ou s'échappe par le tuyau d'écoulement avec une portion de l'air qui entretient le feu; mais la plus grande quantité de l'air qui fournit à cet entretien est changée par la combustion, son oxigène s'unissant avec les autres élémens inflammables du combustible. Cette nouvelle combinaison forme, comme nous le savons, cette vapeur plus ou moins sensible et plus ou moins épaisse qui s'élève naturellement en plein air, et que l'on connaît sous le nom de *fumée;* elle s'écoulerait donc également par les tuyaux, si rien n'y contrariait son ascension : mais l'air atmosphérique, en vertu de sa pesanteur et des causes accidentelles extérieures, trouve souvent une grande facilité à s'introduire par l'orifice supérieur du tuyau, et son invasion intercepte ou gêne le passage de la fumée. Le frottement des produits de la combustion contre les parois des tuyaux peut bien exercer une influence sur la vitesse du courant ascensionnel; mais dans le cas que nous envisageons, il est clair que, si les vitesses des courans étaient égales, le frottement qui ralentirait la vitesse des produits de la combustion ralentirait aussi la vitesse du courant descendant.

La circonstance que nous considérons fait prendre à la fumée deux mouvemens très distincts dans les tuyaux d'écoulement : l'un est celui de la colonne de produits qui s'élève verticalement au-dessus du foyer; l'autre, partant de l'orifice supérieur du tuyau, se manifeste le long de ses parois en colonnes descendantes, d'un volume plus ou moins grand. Ces dernières ne sont pas toujours assez sensibles pour faire dans les coins des foyers ces tourbillons que l'on y voit quelquefois; mais par leur pesanteur et leur mouvement accéléré, elles font rentrer la fumée, comme il arrive assez souvent quand les vents sont violens.

Explication des mouvemens opposés qui peuvent avoir lieu dans les tuyaux.

Supposons qu'une même colonne d'air atmosphérique pèse sur l'ouverture des tuyaux *A*, *B* et *C* (*fig.* 11, *pl.* II); qu'il existe, à la base des tuyaux, les mêmes causes de l'ascension des agens et des produits de la combustion, et cherchons à en expliquer les effets réciproques; supposons encore qu'à partir d'un certain point du foyer, la fumée s'élève sous la forme d'un cône renversé. Je sais bien que ce n'est pas une image fidèle de ce qui arrive dans le tuyau; mais cela pourra conduire à donner au lecteur des idées distinctes des effets de l'ascension et des causes du refoulement de la fumée.

Dans l'hypothèse qu'une même puissance agit dans chacun des foyers pour vaincre la pression qui pèse sur la base des cônes renversés *A*, *B*, *C*, il est évident que le tuyau *C* se trouve placé dans les circonstances les plus favorables; car, indépendamment de la différence dans la superficie des bases de cônes de même hauteur, les agens et les produits de la combustion, concentrés dans ce dernier tuyau, doivent s'opposer avec énergie à la tendance qu'aurait le cône à pénétrer plus avant; tandis que dans le tuyau *A*, où ces mêmes produits et agens ont comparativement la liberté de s'étendre, et la pression sur la base du cône étant infiniment plus forte, il est tout simple de penser que le cône pourrait pénétrer sans grande difficulté dans ce dernier tuyau. Cette démonstration étant mathématique, et ayant fait abstraction de ce qui se passe en effet dans le tuyau, ainsi que des causes accidentelles qui ne permettent pas d'admettre de parité entre des objets de cette nature, il faut donc avoir recours à d'autres raisonnemens pour chercher à expliquer ce qui se passe journellement.

La fumée suit une loi commune aux liquides, qui est de se répandre de tout côté tant qu'ils ne sont pas retenus par des obstacles, mais avec cette différence que les liquides, par leur pesanteur, tendent vers le centre de la terre; tandis que la fumée, comme les fluides gazeux, tend à s'élever dans l'atmosphère en raison de sa plus grande légèreté. L'air atmosphérique, en suivant la même loi que les fluides, exerce aussi une pression sur la surface du globe, comme les liquides; et, dans l'état naturel de l'atmosphère, il faut que l'excès de légèreté de la fumée l'emporte sur la pression qu'exerce l'air atmosphérique, pour qu'elle puisse s'écouler spontanément par le tuyau. Tout ceci est suffisamment démontré par la théorie des propriétés des gaz et par celle de l'action chimique et physique de la combustion, chap. Ier de cette partie.

Ainsi donc, d'après la loi naturelle de ces différens corps et d'après leurs propriétés particulières, la fumée tend par un mouvement ascensionnel à remplir l'espace compris entre les parois du tuyau; l'air atmosphérique tend par un mouvement descendant à remplir le même espace : pour peu qu'on y fasse attention, on sera moins surpris que ces deux mouvemens continus et contraires, que des causes particulières peuvent faire varier à chaque moment, soient sujets à produire alternativement ou simultanément des effets opposés.

La force du mouvement ascensionnel de la fumée diminue progressivement en s'éloignant du foyer, par l'effet de l'abaissement de la température; son degré de ressort est donc plus énergique au foyer qu'en arrivant à la sommité du tuyau, précisément à l'endroit où la colonne d'air extérieur exerce la plus grande pression : mais la force du mouvement de descension de celle-ci diminue aussi progressivement en s'éloignant de l'ouverture du tuyau, et elle trouve une plus ou moins grande résistance à pénétrer dans le foyer, suivant que le feu a plus ou moins d'intensité.

Supposons qu'au milieu de la hauteur des tuyaux il y ait égalité de force entre l'ascension de la fumée et la pression de l'air atmosphérique, etc.; il n'y aura pas cessation de mouvement pour cela, de part ni d'autre; ces corps entreront en combinaison; en se combinant, l'air extérieur soutirera de la chaleur à la fumée, il pourra descendre plus vite; et comme il refroidira la fumée, elle pourra monter plus doucement.

Quand un appareil fume parce qu'il y a peu de feu dans le foyer et que l'air est également agité, on peut donc obvier à cet inconvénient en activant le feu, puisqu'on augmente le volume, et qu'on ajoute au degré de force répulsive des agens et des produits de la combustion.

Les produits de la combustion, ainsi que l'air atmosphérique, jouissent des propriétés communes aux fluides élastiques, celles de s'étendre en tout sens, d'être dilatables et compressibles. Dans le tuyau *A*, la fumée peut, comparativement avec les autres tuyaux, s'étendre en liberté; mais elle peut être comprimée par l'air atmosphérique entre les parois, et *vice versâ*. Si le mouvement de descension de l'air *A* (*fig.* 13, *même planche*) est égal au mouvement d'ascension de la fumée *B*, partie de la fumée pourra sortir par l'ouverture du tuyau avec l'air extérieur qu'elle entraînera, et partie de l'air atmosphérique pourra entrer dans la pièce avec la fumée qu'il refoulera. Ces deux effets sont assez fréquens; car on voit souvent partie de la fumée sortir de la sommité du tuyau, en même temps qu'une autre partie est refoulée dans l'appartement.

Un effet analogue se fait remarquer dans certains foyers de poêles : lorsque la traverse haute du châssis de la porte affleure le plafond du foyer (*fig.* 14), il n'est pas rare de voir la fumée sortir par bouffées ou d'un jet continu quand on ouvre la porte, et néanmoins la combustion se comporter comme à l'ordinaire.

Pour éviter cet inconvénient, on construit, à la partie antérieure du foyer, un linteau *A* (*fig.* 15), plus bas que le plafond de 2 à 3 pouces. Il est hors de doute que cet arrêt suffit pour faire replier sur lui-même le courant d'air descendant, qui alors est entraîné par le courant ascensionnel, puisque, par cette seule petite construction, on a bien souvent corrigé le premier effet dans des foyers d'appareils qui faisaient éprouver l'incommodité de la fumée quand on en ouvrait la porte.

Le volume des produits transmis dans les foyers étant supposé égal dans les trois exemples de la *fig.* 12, je n'imagine pas que la force répulsive de la fumée soit assez puissante pour comprimer l'air atmosphérique dans le tuyau *C*, de manière à se frayer un passage pour s'écouler à l'extérieur; mais on peut en dire autant de l'air atmosphérique. Admettons que l'idée soit vraisemblable: pour que la fumée ne puisse pas être refoulée dans ces petits tuyaux, il faudrait que sa force ascensionnelle pût toujours l'emporter sur celle de descension de l'air atmosphérique; car ils n'offrent point de facilité pour employer un moyen quelconque de mettre obstacle au mouvement de descension du courant d'air, sans contrarier celui d'ascension de la fumée; tandis que, dans un large tuyau comme celui de la *fig.* 16, on peut pratiquer des goussets *B*, dont l'effet serait d'arrêter le mouvement du courant d'air extérieur, sans apporter d'obstacle à l'écoulement de la fumée, ni empêcher un ramoneur de pouvoir monter dans le tuyau, soit pour le réparer, soit pour le nettoyer.

Quatre propositions établies par M. Chaptal.

Voyons maintenant comment s'exprimait M. le comte Chaptal, dans sa *Chimie appliquée aux arts.*

« Pour concevoir l'effet des tuyaux dont la base « repose sur le foyer, il suffit de considérer que la co- « lonne d'air retenue entre leurs parois, étant une « fois dilatée par la chaleur, se trouve moins pesante « que les colonnes d'air ambiant, de manière qu'elle « doit être continuellement déplacée par l'air exté- « rieur qui, à cet effet, se précipite dans le foyer.

« Il suit de-là, 1° que les appareils auront un tirage « d'autant plus actif que les tuyaux seront plus hauts, « pourvu que la colonne d'air puisse être échauffée « et raréfiée dans presque toute sa longueur; car, sans « cela, l'aspiration en serait gênée;

« 2° Que le tirage sera d'autant plus rapide que les « parois de l'appareil seront plus épaisses ou que les

« matériaux en seront moins bons conducteurs de la « chaleur, parce qu'alors la chaleur ne pouvant péné-« trer que difficilement les parois, les colonnes d'air « extérieur en seront moins dilatées, conséquemment « plus pesantes et plus propres, par leur excès de poids, « à chasser la colonne raréfiée ;

« 3° Que les dimensions de la section horizontale « du tuyau n'influent en rien sur le tirage, et que, « sous ce rapport, ces dimensions doivent être déter-« minées par le volume de la colonne d'air que trans-« met le foyer ;

« 4° Qu'on peut déterminer le tirage d'un appa-« reil, en portant dans l'intérieur du tuyau un corps « embrasé. »

I. Le tirage occasionné par un feu, dans le foyer d'un appareil, serait donc dans le tuyau et non dans les effets du feu ; et, la condition remplie que la colonne d'air soit raréfiée dans toute sa longueur, il paraît assez spécieux d'imaginer que la colonne raréfiée du tuyau *A B* (*fig.* 17), par exemple, ayant à surmonter en moins la pression d'une colonne d'air atmosphérique d'égale hauteur, le tirage soit proportionnel à la hauteur du tuyau. Néanmoins, j'avoue que j'aimerais autant attribuer l'effet du tirage à la concentration du feu dans le foyer, à la grande légèreté, à la parfaite élasticité des fluides gazeux qui se dégagent de la combustion ; et comme on peut assimiler le frottement des gaz contre les parois du tuyau à celui de l'eau dans une conduite, il en résulte que la vitesse décroît à mesure que la longueur du tuyau augmente : il résulte encore d'autres observations faites sur l'écoulement des gaz, que la quantité de gaz qui s'écoule dans un tuyau est en raison inverse de la racine carrée de la longueur de la conduite par laquelle elle s'opère.

Qu'on suppose trois tuyaux d'écoulement de même hauteur, appropriés, le premier à une cheminée, le second à un poêle sans cendrier, le troisième à un fourneau économique, et ces trois appareils placés exactement dans les mêmes circonstances. A tous les momens de la combustion, on verra la fumée sortir par l'orifice supérieur du tuyau de la cheminée ; quand toute la masse du combustible sera incan descente dans les foyers, la fumée du poêle sera moins sensible ; par un temps clair, on apercevra l'aberration seule du calorique au sommet du tuyau du fourneau : preuve manifeste de la différence de température qu'acquièrent les produits de la combustion dans ces différens appareils ; et comme le tirage est en raison de la température des produits de la combustion, il doit s'ensuivre que la concentration du feu dans le foyer doit contribuer à l'activer.

A proprement parler, la circonstance d'un tuyau court ne fait pas fumer par elle-même et n'empêche pas le mouvement ascensionnel, puisque la fumée s'élève naturellement en plein air, et qu'il existe des appareils, tels que cheminées, poêles et fourneaux économiques domestiques, qui n'ont que des tuyaux courts et marchent bien; mais en raison du peu de hauteur de la colonne de fumée dans ces sortes de tuyaux, la cause accidentelle la plus légère qui survient peut faire refluer la fumée; tandis que, dans un haut tuyau, la colonne de produit, étant plus élevée, peut surmonter des causes légères, et ne céder qu'à des causes plus énergiques.

M. le docteur Hovitz, ayant fait bouillir de l'eau dans un vase qui portait à des hauteurs différentes deux tuyaux ouverts, a observé que la vapeur sortait de préférence par le tuyau dont l'extrémité supérieure était la plus élevée: il en a conclu la loi suivante, qu'il donne comme nouvelle et de nature à éclairer la théorie du tirage des cheminées: *Toutes les fois qu'il se trouve, sur le passage de la vapeur d'eau, des canaux qui lui offrent des issues à différentes hauteurs, elle s'échappe par l'ouverture dont le niveau est le plus élevé, tandis que l'air froid rentre par l'ouverture la plus basse.*

Je ne vois pas la conséquence que l'on peut tirer de cette nouvelle loi par rapport au tirage des cheminées, les tuyaux d'écoulement n'ayant pas de canaux à différentes hauteurs; et quand cela serait, puisque l'air froid rentre par l'ouverture la plus basse, il est sûr que la colonne descendante ferait refluer la fumée ou une partie, tandis qu'une autre partie pourrait s'écouler par la sommité du tuyau.

II. L'influence qu'exercent les matériaux mauvais conducteurs est établie d'une manière démonstrative dans le cours de cette partie. Je connais des cantons, dans une province éloignée, où l'on emploie le mortier de chaux et sable pour hourder la maçonnerie; les crépis et enduits de tuyaux s'y font en mortier de terre argileuse mêlée de bourre, non pas parce qu'il est considéré comme mauvais conducteur (cette pratique est trop ancienne), mais parce qu'il est reconnu pour mieux résister à l'action du feu. A Paris, le plâtre sert à tous les ouvrages, tant il est commode à employer.

Les effets de la plus grande pesanteur des colonnes d'air extérieur sur celle qui est dilatée dans le tuyau, sont sensibles: soient *C* et *D* (*fig.* 17, *pl.* II), deux colonnes d'air extérieur qui n'aient éprouvé aucun changement de densité par la chaleur de la colonne raréfiée; il est clair que, par leur excès de poids, elles remplaceront librement la colonne raréfiée *E*.

Malgré cela, qu'on suppose à la base de la colonne raréfiée un courant d'air *F*, qui passe avec la rapidité d'un trait au-devant du foyer, dans un sens ou dans un autre, il se fera, non pas du vide, mais un déplacement que la colonne raréfiée, dont la base ne sera plus supportée, s'empressera de remplacer. Voilà l'origine des causes accidentelles intérieures.

Pour remédier aux effets de ces causes, on diminue l'ouverture de la sommité du tuyau; on emploie des mitres *A* (*fig.* 18) : mais comme elles laissent au pourtour du couronnement un espace plane qui est assez commode pour leur pose et leur réparation, le courant d'air extérieur, en frappant sur ce plan horizontal, peut se réfléchir et entrer dans le tuyau par l'orifice de la mitre.

Les causes accidentelles, tant intérieures qu'extérieures, sont les plus difficiles à combattre ; elles méritent donc une grande attention. J'entrerai dans un long développement à ce sujet dans le Traité des cheminées, pour lesquelles le tuyau joue un rôle beaucoup plus important que dans les autres appareils. Je me bornerai ici à des généralités communes, et je dirai qu'en faisant une double mitre qui laisserait un vide *A* (*fig.* 19) pour le passage du courant d'air extérieur, on obvierait à l'inconvénient signalé plus haut, et qu'en construisant le tuyau avec des isolemens *B*, on obtiendrait toutes les conditions de parois épaisses et d'un fluide élastique interposé entre des matériaux mauvais conducteurs.

III. M. Chaptal avait bien raison de dire que les dimensions de la section horizontale du tuyau n'influent en rien sur le tirage : j'en rapporterai nombre d'exemples. Il paraît que l'ouverture du foyer et la concentration du feu y jouent un rôle plus réel. Qu'on suppose, toutes autres choses restant égales d'ailleurs, qu'un poêle est adapté dans le foyer d'une cheminée qui faisait éprouver l'inconvénient de la fumée, et que, par ce seul changement, l'incommodité ait cessé, circonstance qui n'est pas rare: on ne peut l'attribuer qu'à la diminution de l'ouverture du foyer et à la concentration du feu.

Ayant introduit l'usage du rétrécissement des foyers dans mon pays natal, j'ai eu occasion d'opérer sur un grand nombre de cheminées dont les tuyaux avaient depuis 3 jusqu'à 5 pieds de long, sur 8, 9 et 10 pouces de large. Toutes celles qui ne faisaient pas éprouver l'incommodité de la fumée ont continué à marcher également bien avec les petits foyers modernes; et il faut dire que ceux-ci ont remédié à cette même incommodité dans la plupart des cheminées qui y étaient sujettes. J'ai fait servir l'un de ces tuyaux pour deux foyers, en y faisant pratiquer une languette de séparation dans toute la hauteur. J'ai observé des cheminées, j'en ai fait démolir quelques-unes, dont les tuyaux étaient étroits relativement à leur foyer; d'autres dans lesquelles ces tuyaux, bizarrement construits, étaient tantôt d'une largeur irrégulière, tantôt étranglés au niveau des planchers, sans qu'il fût possible d'en apprécier le motif. Cependant je n'ai point remarqué de traces de fumée dans les pièces que ces cheminées étaient destinées à échauffer. Ce sont tous ces exemples d'effets contraires qui, donnant le même résultat, font de la fumisterie un art conjectural, quand il s'agit de cheminées.

Prétendre que les dimensions des tuyaux doivent

être déterminées par le volume de la colonne de produits que transmet le foyer, c'est une théorie véritablement spécieuse; et néanmoins il arrive souvent qu'elle est contredite par l'expérience. Tant de circonstances se réunissent pour entraver la solution du problème en cette matière, qu'il est à cet égard impossible d'établir des règles invariables. Supposons que le tuyau d'une cheminée soit dans le rapport désiré avec le volume des produits de la combustion, et qu'il débite bien la fumée; que dans ce tuyau on vienne à faire déboucher la fumée d'un autre foyer, et qu'il la débite également bien; il y a une foule d'exemples du succès de cette opération: cette juste proportion qu'on désire ne sera alors qu'une illusion de l'esprit. Supposons encore qu'au moyen des formules les plus subtiles, on parvienne à trouver cette juste proportion: quel moment de la combustion prendra-t-on pour point de départ? Quel devra être l'état hygrométrique de l'atmosphère? Aura-t-on tenu compte de l'agitation plus ou moins grande de l'air? etc.

IV. On peut déterminer le tirage d'un appareil en portant dans l'intérieur du tuyau un corps embrasé; voici pourquoi : si, dans un tuyau, on porte en un point quelconque un corps embrasé, aussitôt l'air s'y raréfie; il devient plus léger; cette dernière circonstance et le degré de ressort qu'il acquiert par la dilatation, le font s'élever. En ce moment, il ne se fait pas positivement du vide, mais un déplacement que l'air atmosphérique à la base du tuyau vient subitement remplacer par l'effet de la pesanteur des couches supérieures sur les inférieures, de sa subtile mobilité. L'air extérieur, à la sommité, devrait également entrer dans le tuyau à l'instant du mouvement, et pour les mêmes causes; mais la légèreté et le degré de ressort que l'air acquiert dans le tuyau, le font se frayer un passage dans le milieu de l'air extérieur, tant que d'autres causes n'agissent pas avec ce dernier pour l'emporter sur le degré de ressort de l'air raréfié.

Foyers d'appel. Long-temps avant que cette théorie fût établie, un moyen analogue, qui a reçu d'autres applications, était mis en usage par les praticiens fumistes, afin de déterminer le tirage des tuyaux et de faire appel à la fumée des conduits : ils le désignent sous le nom de *pompe d'appel.*

« Les heureuses découvertes sont presque tou-
« jours le fruit du hasard; mais le grand usage de la
« science est de nous éclairer dans la recherche de
« la nature des effets produits par quelque procédé
« ou quelque invention que ce soit, et celle des cau-
« ses qui les font naître; d'expliquer l'opération et de
« déterminer la valeur précise de toute invention nou-
« velle. La science fixe la valeur de chaque décou-
« verte, et nous met en état de la placer au rang qu'elle
« doit occuper parmi les connaissances humaines; elle
« nous sert encore à diriger notre attention, lorsque

« nous allons à la recherche de nouvelles inventions[1]. »

Pour ceux qui ne connaissent point le mécanisme de la circulation de l'air et de la fumée dans les conduits des poêles établis sans tuyaux apparens dans les lieux publics de la capitale, ainsi que pour d'autres appareils, ou qui ignorent comment on peut obliger la fumée et l'air qui servent à alimenter la combustion à suivre un mouvement contraire à celui qui leur est naturel, il est nécessaire de décrire les foyers d'appel, sans l'office desquels on ne pourrait pas se permettre de pareilles constructions. Sur le devant ou sur le côté d'un tuyau d'écoulement (*fig.* 20, *pl.* II), destiné à l'ascension de la fumée, dans lequel vient aboutir un conduit à fumée de révolution quelconque, on construit un petit foyer *A*, qui communique avec le tuyau d'écoulement; quelquefois on pratique au-dessous du foyer un petit cendrier *B*: un coude de tuyau de poêle *C*, de 4 à 5 pouces de diamètre, peut servir pour cet usage. Le foyer d'appel doit être placé dans le tuyau d'écoulement, au-dessus de l'orifice du conduit à fumée qui vient y déboucher, et dans une autre pièce que celle où se trouve l'appareil qu'il s'agit de faire marcher, si le volume d'air n'est pas assez considérable dans cette pièce : son ouverture doit être à une hauteur telle, qu'il soit facile d'y allumer le feu et de l'entretenir.

Le combustible étant disposé dans le foyer de l'ap-

(1) Rumfort.

pareil, on met le feu à celui du foyer d'appel; les choses dans cet état, le feu du foyer d'appel se consume à l'ordinaire, raréfie l'air du tuyau; et aussitôt qu'on allume celui de l'appareil et qu'aucune cause accidentelle n'existe pour contrarier l'effet, le courant d'air de la combustion et celui de la fumée des conduits s'établissent rapidement, et viennent soudainement eux-mêmes activer la combustion du petit foyer, ce qui se connaît au bruit qui se fait entendre ainsi qu'à l'alongement de la flamme.

On ne peut rien de plus simple, de plus positif; et néanmoins il arrive qu'on se dégoûte des choses les plus utiles, par suite d'inconvéniens qui ne sont dus qu'à la négligence ou à la paresse des gens de service. En effet, s'ils commencent par faire du feu dans l'appareil avant d'en faire dans le foyer d'appel, l'appartement se remplit de fumée; il peut en résulter des causes telles, que le foyer d'appel soit ensuite sans succès. Qu'un appareil ait bien marché pendant plusieurs jours, par un temps sec, sans le secours du foyer d'appel, on se croit fondé à conclure que cet accessoire est superflu; et lorsque, ensuite, il vient à fumer par un temps humide, il est rare qu'on s'en prenne au défaut de soin de la personne chargée de faire marcher l'appareil; c'est l'imperfection de l'appareil lui-même, c'est l'inhabileté du constructeur qu'on accuse d'une incommodité qui n'eût pas eu lieu si l'on avait ponctuellement suivi ses prescriptions.

SUPPLÉMENT[1].

Perte de la chaleur par les cheminées.

La chaleur entraînée par la fumée est nécessaire, comme nous l'avons vu, pour déterminer le tirage : mais tout n'est pas utilisé pour produire cet effet, car l'air chaud est continuellement refroidi par les parois de la cheminée; or, la perte de vitesse due à ce refroidissement est très considérable pour celles de ces cheminées qui sont en poterie ou en métal.

Dans tous les cas, la chaleur entraînée par la fumée est toujours une perte réelle; il est donc important de savoir quelle portion de la chaleur totale développée est perdue par cette cause. (Suivent les calculs.)

Il résulte évidemment de ce qui précède que les pertes énormes de chaleur, et par conséquent de combustible, que l'on fait dans des appareils que l'on emploie à des usages si multipliés et si variés, proviennent presque uniquement de la haute température à laquelle on abandonne l'air dans la cheminée, et de la proportion de l'air plus ou moins considérable qui traverse infructueusement le combustible. Ces pertes ne peuvent disparaître que par un grand excès de tirage obtenu indépendamment d'une haute température de l'air dans la cheminée.

D'après ce que nous avons dit précédemment, il y

(1) *Traité de la chaleur*. M. Péclet

a deux élémens de tirage qui sont indépendans de la température : c'est la hauteur et le diamètre. Il n'y a jamais d'inconvénient et il y a toujours de l'avantage à donner aux cheminées la plus grande élévation possible. Mais en est-il de même du diamètre? c'est ce que nous allons examiner.

Lorsqu'on augmente le diamètre d'une cheminée, l'orifice inférieur restant le même et l'orifice supérieur restant libre, nous avons vu que la vitesse à l'orifice inférieur croissait sensiblement dans le rapport inverse du diamètre de l'orifice. Mais en même temps la vitesse de l'air chaud dans la cheminée diminue, quoique la dépense d'air soit augmentée; et cette diminution, lorsqu'elle est très considérable, peut laisser trop de prise aux vents; elle peut d'ailleurs occasionner de doubles courans qui nuiraient au tirage. Je n'ai pas eu occasion de faire des expériences sur le maximum de diamètre que l'on peut affecter aux cheminées pour une consommation de combustible donnée; mais il est facile de voir que ce maximum doit dépendre d'un grand nombre de circonstances locales, telles que la force des vents, la position de l'établissement, etc.

Dans ce qui précède, on suppose que l'orifice supérieur reste entièrement ouvert; mais on peut toujours le rétrécir de manière à donner à l'air sortant une vitesse suffisante, et l'on conserve une grande partie des avantages qui résultent des larges cheminées.

Nous devons cependant dire que les cheminées, en s'élargissant, augmentent de surface et occasionnent par conséquent un plus grand refroidissement de l'air chaud; mais quand les cheminées ont un très grand diamètre, on peut employer différens moyens pour diminuer beaucoup la perte de la chaleur: 1° un revêtement extérieur en maçonnerie grossière; 2° une couche intermédiaire, de matière peu conductrice, de charbon, d'air, etc.

Ainsi nous pouvons poser en principe qu'il est toujours avantageux, pour obtenir un bon tirage, de donner aux cheminées le plus grand diamètre possible, pourvu qu'on leur donne une épaisseur suffisante pour s'opposer au refroidissement de l'air, et que l'on diminue l'orifice supérieur de manière à conserver à l'air chaud qui s'écoule dans l'atmosphère une vitesse suffisante.

Bien que ce dernier paragraphe, de même que d'autres qui le précèdent, soit affecté particulièrement aux appareils des usines, le principe n'est pas moins applicable aux cheminées des habitations, dont la grande partie du tuyau, en général, est enclavée dans le mur et renfermée dans l'intérieur du bâtiment, ce qui équivaut à une épaisseur suffisante de parois, et dont le tuyau est toujours rétréci à la sommité: ce principe se trouve aussi d'accord avec les données d'objets exécutés.

CHAPITRE VIII.

TUYAUX D'ÉCOULEMENT COMMUNS A DIVERS FOYERS D'APPAREILS DE CHAUFFAGE.

SECTION PREMIÈRE.

Les premiers architectes qui se sont trouvés dans l'obligation de faire établir après coup un foyer de cheminée dans une pièce où il n'y en avait pas, ont probablement imaginé de faire servir le tuyau d'une autre cheminée placée à côté de celle à construire, pour recevoir la fumée des deux foyers. La tentative de cette opération, qui nous paraît fort simple aujourd'hui, n'est pas sans intérêt, puisque, sans déranger rien dans des pièces supérieures, sans autre construction à l'intérieur que celle du foyer à établir, on a fait, avec une grande économie, des cheminées dans des pièces qui n'en avaient pas : je voudrais connaître le premier auteur de cette heureuse invention; je me plairais à lui rendre ici l'hommage qui lui est dû.

Le procédé consistait à diviser en deux, sur la longueur, le tuyau existant, par une languette que les uns faisaient monter jusqu'à l'extrémité, les autres à une certaine hauteur. Comme on a obtenu de bons résultats de cette pratique, elle est une preuve que la longueur des anciens tuyaux peut être restreinte sans inconvénient. C'est là que commence la série des documens qui sont nécessaires à l'objet que je me propose dans ce chapitre. Comment construire une languette de séparation dans toute la hauteur d'un tuyau de cheminée, sans déranger rien d'apparent des constructions existantes? Cela se pratique aisément à Paris, où chaque entrepreneur de fumisterie a de jeunes garçons exercés à ce genre de travail : l'un monte dans le tuyau, en tenant le bout d'une légère corde, à l'autre bout de laquelle est attaché un seau; un second, placé dans le foyer, met du plâtre dans le seau, et le gâche à mesure des besoins; celui qui est dans le tuyau fait monter le seau, et construit, avec les matériaux qu'on lui prépare, plus solidement que les petits enfans instruits par Ésope ne bâtissaient dans une corbeille portée dans l'air par des aigles. Depuis les premiers succès obtenus de l'emploi d'un seul tuyau pour deux foyers, on y a fait l'application des trappes, et l'on a renoncé à la languette de séparation: ces trappes, que l'on ouvre et ferme à volonté, se placent à peu près à la hauteur de la traverse du chambranle. Maintenant, soit que l'on construise à Paris, dans un mur de 18 pouces d'épaisseur, deux foyers adossés l'un à l'autre, soit qu'on veuille en construire un après coup à la proximité de l'autre, on ne fait plus dans le premier cas qu'un tuyau ordinaire; on s'en sert de même, dans le second cas, pour y faire déboucher la fumée d'un second foyer.

Nous trouverons des exemples de cette dernière méthode au Traité des cheminées; mais il est des constructions de cette nature, remarquables par leur hardiesse, qu'il est utile de faire connaître, pour donner une idée de tout ce qu'il est possible de tenter en ce genre.

Un de mes bons amis, propriétaire d'un ancien grand château, desirant faire deux chambres d'une grande pièce dans laquelle il y avait une cheminée saillante comme on les faisait anciennement, me consulta pour savoir s'il ne pourrait pas établir un foyer dans chacune de ces chambres, en se servant du seul tuyau de la cheminée existante : mon avis fut qu'en prenant la précaution de séparer les tuyaux respectifs jusqu'à une certaine hauteur dans le tuyau commun, les deux foyers pourraient bien marcher ensemble ou séparément. A cette époque, je ne connaissais pas l'usage des trappes. Les foyers furent établis en pans coupés, comme l'indique la *fig.* 21 (*pl.* III), qui en est le plan, et l'opération eut un plein succès sans languettes de séparation ni ventouses. Mais il faut dire que ces chambres étaient précédées d'autres dans lesquelles on ne faisait pas de feu, et que toutes avaient beaucoup de hauteur comparativement à celles de nos habitations urbaines.

Ayant depuis fait une salle à manger d'une pièce sans cheminée, adossée à la cuisine du château, le même propriétaire y fit établir un foyer dont la fumée débouchait dans le tuyau de la cheminée de la cuisine, un peu au-dessous de la gorge de la hotte, sans aucune autre précaution que l'adoucissement indiqué à la *fig.* 22; et le résultat fut satisfaisant.

Quand une cheminée fait éprouver l'inconvénient de la fumée, et qu'on n'a pu y remédier par les moyens usités en pareil cas, on fait communiquer la partie supérieure de son tuyau dans celui d'une autre cheminée, par-dessus le toit ou dans un grenier, au moyen d'un conduit incliné en montant, ainsi que le représente la *fig.* 23. On bouche ensuite le tuyau immédiatement au-dessus de l'origine de ce conduit, et l'on en fait autant à l'orifice supérieur de ce même tuyau, pour empêcher la pluie de pénétrer dans l'espace intercepté.

L'exemple de tuyaux de poêle que l'on fait déboucher, à quelque étage que ce soit, dans celui d'une cheminée, est trop commun et il a trop d'analogie avec le précédent, pour qu'il soit nécessaire d'en entretenir le lecteur.

Ce moyen offrant une grande économie, en même temps qu'il permet d'ôter de la vue des objets fort désagréables et fort incommodes par le bistre qu'ils laissent couler, ces deux motifs m'ont porté à faire ajuster les uns dans les autres plusieurs tuyaux de poêles placés à divers étages. La *fig.* 24 représente la première opération que j'ai fait exécuter dans ce genre. Dans une autre occasion, j'en fis mettre trois, et j'obtins le même succès. J'ai ainsi retiré de l'extérieur une suite de longs tuyaux qu'il fallait remplacer tous les trois ou quatre ans; et quand on fait du feu dans la pièce inférieure, la chaleur de la fumée qui passe dans le tuyau commun contribue à échauffer les autres pièces. Les seules précautions à prendre dans ces circonstances, sont; 1° d'augmenter progressivement le diamètre du tuyau commun, à mesure que l'on y fait déboucher la fumée d'un autre appareil; 2° de placer un gousset incliné (*A fig.* 25), à l'endroit où le tuyau particulier vient déboucher dans le tuyau commun, pour empêcher que les courans ne se contrarient, et obliger celui de chaque tuyau particulier de suivre la même direction que le courant général; 3° de placer une soupape dans chacun des tuyaux respectifs, afin d'éviter que la fumée du tuyau commun ne pénètre, par quelque effet de refoulement, dans la pièce où serait un appareil qui n'aurait pas de feu.

Le poêle de la *fig.* 24 était établi dans une chambre de domestique; son tuyau se dirigeait à l'extérieur : le tuyau inférieur qui vient déboucher dans le tuyau commun est celui d'un autre poêle placé dans une loge de portier; il se dirigeait aussi à l'extérieur; et ces deux tuyaux s'élevaient ensuite verticalement sur le mur de face du bâtiment. Les deux poêles sont de l'espèce de ceux qu'on achète tout montés. Dans cet état de choses, je n'ai attaché aucune importance à la disposition des tuyaux; mais si j'avais à opérer dans des pièces où l'on construirait des poêles sur place, je ferais passer le tuyau du poêle inférieur dans le corps du poêle supérieur, et ainsi de suite: alors le moyen indiqué par la *fig.* 26 n'offrirait rien de désagréable à la vue ni d'incommode pour la circulation.

Nous avons décrit les tuyaux particuliers débouchant à différentes hauteurs dans le tuyau commun; nous allons les représenter débouchant à sa base. La *fig.* 27 est le plan et l'élévation d'un fourneau que j'ai fait exécuter il y a plus de douze ans à l'hôpital général de Saint-Malo: il a trois chaudières qui marchent ensemble ou séparément. Le fourneau n'a qu'un foyer; il est isolé et éloigné de la cheminée existante d'environ 5 pieds. Les conduits *A* de chacune des trois chaudières sont pratiqués sur une voûte et sous le dallage de la pièce; ils viennent déboucher dans une souche commune *B*, où ils sont séparés jusqu'à la hauteur de 3 pieds. La souche commune, qui occupe la moitié du foyer de la cheminée, va se terminer un peu au-dessus du manteau. Les produits de la combustion du foyer du fourneau s'écoulent par un, deux, ou par les trois conduits particuliers; l'autre moitié du foyer sert comme à l'ordinaire : ainsi, quand tout l'appareil marche avec le foyer de la cheminée, la fumée des trois conduits et de ce dernier foyer s'écoule par le tuyau commun; et cette disposition n'a jamais fait éprouver d'inconvénient. Des soupapes à tirettes *C* sont établies dans chacun des conduits particuliers, afin de pouvoir conserver la chaleur d'une chaudière sous laquelle on interrompt la communication du feu, et régler le tirage quand elle est en activité. Un foyer d'appel est pratiqué en *D*, dans la souche commune; mais je crois qu'il n'a jamais été nécessaire.

Indépendamment de l'économie de construction que cette méthode procure, on conçoit l'avantage qui doit résulter pour la manipulation de n'avoir aucun tuyau d'écoulement près des fourneaux. En effet, soient (*fig.* 28, *pl.* III), le plan et la coupe d'un tuyau d'écoulement isolé dans lequel viennent aboutir seulement quatre conduits à fumée *A*, d'appareils placés dans différentes pièces : on aura une construction unique pour tuyau d'écoulement, et la facilité de placer à une hauteur convenable, pour être facilement manœuvrées, les trappes *B* des tuyaux particuliers qui sont ici séparés à cet effet par des languettes. La *fig.* 29 représente le plan et la coupe d'un autre tuyau d'écoulement, commun à un nombre indéterminé d'appareils. On pourrait, comme dans les précédens, y pratiquer des languettes de séparation, afin d'y établir une trappe ou soupape à l'usage particulier de chaque conduit ; mais comme il serait possible d'embrancher sur chaque conduit *A*, passant par les diamètres prolongés du cercle, d'autres conduits comme ceux *B*, et de porter ainsi à l'infini le nombre de conduits particuliers dont la fumée pourrait aller s'écouler par le tuyau commun, il faut employer un autre expédient. Supposons un fourneau, ou tout autre appareil, placé en *C*; une soupape étant établie en *D* permettra de régler le tirage particulier de cet appareil, d'empêcher la déperdition de la chaleur si l'on cesse d'alimenter le feu dans le foyer, et ne gênera en rien pour la manipulation à faire autour d'un fourneau. Il en pourrait être ainsi pour tous les autres appareils établis sur les principaux conduits ou sur leur embranchement.

A-t-on besoin d'établir un courant d'air dans des pièces voisines, de faire appel à des vapeurs malfaisantes, on peut faire déboucher des conduits aérifères dans le tuyau commun, de même que la fumée d'appareils quelconques placés à des étages supérieurs, en employant des tuyaux coudés, représentés aux *fig.* 28 et 29. La dernière disposition même n'est qu'un échantillon de ce qu'on peut faire dans certaines circonstances : en effet, M. Clément dit avoir vu à Glascow un tuyau où venaient aboutir les conduits à fumée de cent fourneaux servant à évaporer le carbonate de soude. Ce tuyau avait 34 mètres de haut, 6 de diamètre au bas, 5 au haut ; il était couronné par une corniche, et ressemblait à un monument.

SECTION II.

Les exemples particuliers qui font le sujet de la section précédente démontrent incontestablement que la fumée de plusieurs foyers peut s'écouler par un tuyau commun, en y entrant, 1° par la base (*fig.* 27), 2° un peu au-dessus (*fig.* 21), 3° à une certaine hauteur (*fig.* 22) : ces diverses circonstances, tirées d'objets exécutés, avec celle de la *fig.* 23, où il est nécessaire que deux tuyaux dont les courans d'air se contrarient soient réunis par leur sommet pour neutraliser cet effet, permettent de penser qu'on peut faire écouler la fumée d'un plus grand nombre de tuyaux de cheminées par un tuyau unique; et c'est là la fin que je me propose.

Nous allons comparer un mur de refend dans lequel sont établis six tuyaux d'écoulement. La *fig.* 30 (*pl.* IV), est la coupe transversale d'une petite maison en construction, dont les tuyaux sont dévoyés suivant l'usage : les foyers 1, 2, 3, 4, sont d'un côté du mur; l'emplacement 5 pour un poêle et le foyer 6 sont de l'autre côté.

Soit (*fig.* 31), la coupe transversale de la même maison; ne changeons rien aux données précédentes, et faisons déboucher les différens tuyaux dans un tuyau commun : il en résultera, 1° que l'espace pour placer les principales pièces des planchers ainsi que les âtres des foyers, serait beaucoup moins embarrassé que dans le premier exemple, à mesure que les tuyaux se multiplient, comme on peut s'en convaincre en faisant l'examen de l'emplacement des âtres et du passage des tuyaux au niveau des deux derniers planchers de ces deux figures; 2° qu'on pourrait placer à plomb l'un de l'autre un nombre indéterminé de foyers, sans aucun obstacle, et un plus grand nombre dans le même mur; 3° que, comme l'inspection des figures le fait voir, on obtient un système moins compliqué de constructions au-dessus de la toiture, et la facilité d'appliquer sur l'orifice du tuyau général un mécanisme quelconque, unique, et dont l'effet ne puisse être contrarié par d'autres qui l'avoisinent.

Je ne ferai point valoir les motifs d'économie, qui sont évidens; car si ce moyen était jugé propre à augmenter la difficulté qu'on rencontre pour empêcher le refoulement de la fumée, il faudrait y renoncer : mais si, au contraire, l'expérience venait à démontrer qu'il contribue à diminuer cette difficulté, il faudrait l'adopter, coûtât-il davantage.

La maison dont la *fig.* 30 représente la coupe transversale, se construit en province sur mes dessins; n'étant pas à portée d'en surveiller l'exécution, je n'ai pas osé proposer l'innovation. J'ai choisi cet exemple, parce que, dans de petites dimensions, on rencontre à peu près tous les cas qui se présentent communément ; et l'on concevra sans peine que l'opération deviendrait encore plus facile, à mesure que les dimensions des pièces augmenteraient.

Soit (*fig.* 32, *pl.* IV) la partie *A* d'un bâtiment adossé contre le pignon d'un autre bâtiment *B*, et moins élevée que ce dernier. Si, au lieu de dévoyer les tuyaux dans la souche *C*, comme à l'ordinaire, on les dirige vers le tuyau *D*, commun aux cheminées établies dans le pignon du bâtiment supérieur en élévation, pour y faire écouler la fumée, on y gagnera la construction de la souche *C*, et l'on évitera par ce moyen l'influence d'un corps dominant sur l'ouverture des tuyaux de cette souche.

Que l'on établisse les foyers *A* et *B* en pans coupés (*fig.* 32 *bis*), la fumée de ces foyers pourra s'écouler par un tuyau commun avec la cheminée *C*. Les frais de construction seraient simplifiés autant qu'il est possible, le mur de refend de la précédente figure étant ici remplacé par une cloison en briques de champ.

Je m'arrêterai à ces exemples ; on en trouvera d'autres au Traité des cheminées. Là, je ferai connaître ce qui arriverait avec des tuyaux placés contre un mur mitoyen, de quelle manière il convient de réunir dans un tuyau commun la fumée des foyers placés dans des murs de refend séparés, etc. J'en ai dit assez pour convaincre que si le succès venait couronner la tentative, et les faits rapportés portent à le croire, on pourrait singulièrement diminuer le nombre des souches de tuyaux en maçonnerie, et faire disparaître en grande partie cette multitude d'engins en tôle dont les toits sont hérissés. Une telle réforme aurait le double avantage de procurer de notables économies, et de rendre la vue de cette partie de nos édifices moins désagréable.

Si la fumée s'écoulait d'une manière constante et uniforme, il serait facile de trouver une règle pour déterminer quelle doit être la superficie de la section horizontale d'un tuyau qui reçoit la fumée d'un nombre donné de foyers, en additionnant la superficie de chacun des tuyaux particuliers, et prenant la somme pour la superficie du tuyau commun; mais il en est autrement, et je crois qu'il serait préférable d'avoir recours à ce qui se passe journellement, afin de ne point se jeter dans une dépense superflue de construction.

Supposons que la fumée d'un tuyau de 24 pouces sur 8 pouces [192 pouces carrés], s'écoule librement par la partie supérieure d'une mitre dont le tuyau aurait 8 pouces de diamètre [48 pouces superficiels]: le rapport de la section horizontale de l'appareil à celle de l'orifice de la mitre est de 1 à 4; ce cas n'est point rare: donc, en assimilant la partie supérieure du tuyau commun à la sommité de la mitre, ce serait le quart de la superficie totale des tuyaux particuliers qu'il faudrait prendre, ou, si l'on veut, autant de fois 48 pouces superficiels qu'il y a de foyers pour la superficie à donner au tuyau commun; et puisque, dans le cas du tuyau particulier, sa superficie est comme 4 à 1 par rapport à l'orifice de la mitre, on pourrait déterminer l'orifice de la sortie de la fumée au sommet d'un tuyau commun d'après cette donnée. Mais il n'en serait pas de même à l'égard des tuyaux d'usines, où presque toujours la fumée des différens foyers venant déboucher à la base du tuyau commun, les frottemens partiels ont lieu dans toute sa hauteur.

Sans pouvoir en expliquer la raison, je pense qu'il vaudrait mieux diminuer l'une et l'autre des superficies que d'en augmenter l'étendue, et prendre, par exemple, autant de fois 40 pouces superficiels pour la superficie de la section horizontale du tuyau commun, quand surtout un certain nombre de tuyaux partiels viendraient y déboucher, autant de fois, dis-je, qu'il y aurait de tuyaux de cheminées; et pour chaque poêle ou fourneau, je crois qu'il suffirait d'ajouter 30 pouces superficiels.

D'après cela, un tuyau commun qui aurait 24 pouces de diamètre [432 pouces superficiels], pourrait débiter la fumée de 10 à 12 tuyaux particuliers, et il ne faudrait pas augmenter le diamètre d'un pouce pour suffire à dégorger la fumée d'un autre appareil.

Cette supposition pourra paraître paradoxale et contraire à l'opinion que j'émettrai incessamment, relativement aux tuyaux de 8 à 10 pouces de diamètre maintenant en usage à Paris. Mais, d'après différens effets observés, je puis avancer avec certitude que la fumée ne se comporte pas, au moment du court trajet qu'elle parcourt dans les mitres, auxquelles la partie supérieure d'un tuyau commun peut être assimilée, comme elle le fait dans les longs tubes pour tuyaux; d'ailleurs, il n'est pas présumable que les appareils marchent tous communément à la fois.

La pensée qui se présente au premier abord est celle-ci : le moindre mouvement de refoulement dans le tuyau commun devra faire refluer la fumée dans les tuyaux des appareils dans lesquels il n'y aurait pas de feu; enfin cette circonstance peut encore avoir lieu par l'effet d'un courant intérieur qui attirerait l'air des tuyaux; mais aussi l'air dilaté du tuyau commun fera appel à l'air dense ou raréfié des tuyaux particuliers. Quant à l'inconvénient, on y obvierait au moyen de trappes fermant hermétiquement, placées à la base de chacun des tuyaux particuliers, pour intercepter toute communication du tuyau commun avec les foyers dans lesquels il n'y aurait pas de feu. On voit, d'après cela, que tous les cas rapportés et appuyés de faits sont favorables au système que je voudrais faire adopter.

Un amateur, que l'on désigne sous le nom de M. L. L***, voyant qu'un de ses amis avait inutilement employé tous les moyens connus pour garantir sa maison de l'incommodité de la fumée, a pris une marche nouvelle, qui a de l'analogie avec le système des tuyaux d'écoulement communs.

« On dit qu'il fit abattre tous les tuyaux extérieurs « de ses cheminées, et intercepta entre ces tuyaux et « l'atmosphère toute communication immédiate.

« Il fit établir par des cloisons en brique et plâtre, « au plus haut des combles, un corridor ou longue « pièce, où il fit aboutir tous les tuyaux d'écoulement.

« Ce réservoir commun de la fumée, dont les di- « mensions sont indéterminées, est, si l'on veut, sur- « monté d'un petit pavillon ou dôme à quatre faces « orientées, ayant chacune une ouverture habituelle- « ment fermée par un abat-jour à ressort; l'action « très simple d'un anémomètre tient béant l'abat-jour « du côté opposé à l'action du vent.

« Le succès de cette opération a été, ajoute-t-on, « si complet, que, pendant la plus grande tempête, « l'écoulement de la fumée s'est opéré sans le moin- « dre obstacle. Jamais, depuis, la fumée n'a reflué « dans les appartemens. »

Ma mémoire ne me rappelle point qui a rapporté cette singularité; mais j'en admets volontiers les résultats. Il n'y aurait plus alors aucun bâtiment où l'on ne pût, en sacrifiant quelques parties de grenier, n'avoir au-dessus des toits que la lanterne indiquée pour l'écoulement de la fumée de tous les foyers, quelque nombreux qu'ils fussent d'ailleurs.

SECTION III.

Cheminées communes[1].

Lorsque dans une usine il y a plusieurs fourneaux, il est toujours très avantageux de leur donner une cheminée commune. 1° Il y a économie, parce que la dépense d'une cheminée, en matériaux et en main-d'œuvre, n'augmente que dans un rapport plus petit que sa section transversale; car c'est la surface qui coûte, et cette dernière ne croît que suivant la racine carrée de sa section; de sorte qu'une cheminée d'une capacité quadruple ne coûterait que deux fois plus; 2° le refroidissement des fumées est moindre, puisque la surface de la cheminée est moindre que la somme de celles qu'elle remplace; 3° les anomalies que présente le tirage de chaque fourneau, suivant l'état du foyer, se compensent mutuellement, et chaque tirage devient beaucoup plus uniforme; 4° la cheminée ayant plus de surface de base, peut avec la même épaisseur être élevée à une plus grande hauteur.

Mais il faut alors que les canaux horizontaux, ou faiblement inclinés, qui conduisent les fumées de chaque fourneau à la cheminée commune, aient une épaisseur suffisante pour que la perte de chaleur dans ce trajet soit peu considérable, afin qu'elles arrivent dans la cheminée avec une chaleur suffisante, et en-

(1) *Traité de la chaleur*. M. Péclet.

fin la cheminée commune doit avoir une section au moins égale à la somme des sections de tous les canaux qui y débouchent.

Effets produits par la rencontre des courans.

Supposons d'abord que deux tuyaux conducteurs soient placés à la même hauteur dans des directions opposées (*fig.* 33, *pl.* V), et communiquant avec un tuyau d'écoulement perpendiculaire à leur direction; il est évident que si les deux courans sont interceptés par un diaphragme *M N* (*fig* 34), tout se passera comme si les tuyaux étaient parallèles entre eux, et les deux courans n'exerceront aucune influence l'un sur l'autre. Mais en est-il encore de même quand les deux courans se portent librement à la rencontre l'un de l'autre? C'est ce qu'il est important d'examiner. Quand les deux courans ont la même vitesse, il est évident qu'ils agissent l'un sur l'autre, comme s'ils venaient frapper un corps solide fixe; ainsi tout se passe encore comme dans le cas où les courans sont interrompus par le diaphragme *M N*. Mais aussitôt qu'un des courans a un excès de vitesse sur l'autre, ce dernier est refoulé, et le premier courant seul s'effectue par le canal d'écoulement. Ainsi, toutes les fois que deux courans inégaux viennent en sens contraire, il est très important d'interposer un corps solide qui les empêche d'agir l'un sur l'autre.

Supposons maintenant que les deux courans se rencontrent à angle droit (*fig.* 35); il faut distinguer plusieurs cas : 1° celui où la vitesse dans le canal *A B* est à son maximum; 2° celui où la vitesse est plus petite.

Dans le premier cas, le courant *C D* sera complètement interrompu, et aucun atome de gaz renfermé dans le canal *C D* ne pénétrera dans *A B*. Car nous avons déjà vu que, quand de l'air a déjà toute la vitesse qui correspond à la pression génératrice du mouvement, une ouverture latérale ne donne point accès à l'air extérieur, et ne laisse point non plus dégager d'air chaud.

Dans le second cas, le courant *C D* s'établira, quoiqu'il ait une température moins élevée que celle de *A B*. Le mélange des deux courans acquerra une température moyenne, plus petite que celle du courant *A B*, et le tirage deviendra plus petit.

On voit, d'après cela, que, quand une cheminée est destinée à appeler de l'air froid sans le faire passer par le foyer, il faut nécessairement que le courant d'air chaud, seul dans la cheminée, ait une vitesse plus petite que le maximum; et pour cela, il suffit de donner à la cheminée commune un diamètre plus grand que celui du courant d'air chaud (*fig.* 36). Si la cheminée commune et le canal d'air chaud avaient le même diamètre, il faudrait placer un diaphragme *M N* (*fig.* 37) au-dessous du canal d'air froid, ou faire recourber le canal d'air froid dans la cheminée commune.

Dans ce qui précède, nous avons supposé que le courant d'air chaud était dirigé verticalement; mais s'il débouchait horizontalement dans la cheminée d'appel, il pourrait arriver que l'appel fût complètement nul, quoique le diamètre de la cheminée fût plus grand que celui du canal d'air chaud : cela arrive quand la vitesse du courant d'air chaud est très grande alors il traverse la cheminée commune, et la ferme comme une soupape. C'est un fait que j'ai eu occasion de remarquer un grand nombre de fois, et notamment dans une grande cheminée d'appel que j'avais fait construire dans une fabrique de soude, et qui faisait partie d'un appareil de condensation. La cheminée avait 40 pieds de hauteur et près de 0, 75 de section; le canal à fumée d'un four à soude y débouchait horizontalement (*fig.* 38) : lorsqu'on commença à allumer le feu du four à soude, l'appel eut lieu; il augmenta pendant quelque temps, diminua ensuite, et finit par être complètement nul quand le fourneau commença à travailler. Je reconnus bientôt la cause de ce phénomène singulier, et j'y remédiai complètement, en retournant le tuyau dans l'intérieur de la cheminée d'appel, de manière que l'air chaud ne fût mis en liberté dans la cheminée qu'après avoir pris une direction verticale *A B* (*fig.* 38).

Ainsi il faut avoir le plus grand soin, dans toutes les cheminées d'appel qui reçoivent le courant d'air chaud perpendiculairement à leur direction, de diriger le jet d'air chaud parallèlement à la cheminée.

Les effets qui viennent d'être si clairement expliqués avaient été observés ou pressentis depuis longtemps par les praticiens intelligens; et sans se rendre compte de l'influence qu'apportent les vitesses, non plus que de la différence de température de divers courans d'air chaud qui vont s'écouler par un tuyau commun, ceux qui joignent l'esprit d'observation à l'expérience opèrent d'une manière conforme aux théories précédentes. Nous en avons divers exemples, lorsqu'il s'agit de faire déboucher les conduits à fumée de deux ou d'un plus grand nombre de poêles dans un tuyau de cheminée. Il ne paraît pas nécessaire pour ce cas que le tuyau commun ait les dimensions prescrites par les anciens réglemens; car il existe une foule d'exemples du contraire, et l'on se sert du tuyau dans l'état où il se trouve. Mais, quand il s'agit de faire déboucher plusieurs conduits à fumée d'appareils de même espèce dans un tuyau commun, on augmente progressivement la superficie de la section horizontale du tuyau, suivant le nombre de conduits qu'on veut y faire déboucher.

On trouvera cette pratique, qui se rapporte à la *fig.* 36, constamment observée dans nos Traités des cheminées, des poêles et des fourneaux économiques. Indépendamment de l'augmentation progressive dans la section horizontale du tuyau commun, c'est un usage consacré d'employer le diaphragme: mais au lieu de le faire horizontal, on lui donne l'inclinaison figurée par MO (*fig.* 36); le diaphragme est connu sous le nom de *gousset* par les ouvriers: ou bien on fait retourner le conduit à fumée dans le tuyau commun, ainsi que pour les conduits à fumée des foyers d'appel des poêles, et comme l'indique M. Péclet pour le canal d'air froid.

Au chapitre précédent, nous avons donné une explication de l'action des foyers d'appel que l'on pratique pour forcer la fumée de suivre un mouvement contraire à celui qui lui est naturel, explication qui se trouve parfaitement d'accord avec le dernier paragraphe de M. Péclet; et je ne connais pas un foyer d'appel établi autrement que cet auteur le recommande; ce qui vient encore confirmer que les données d'une bonne pratique ne sont pas aussi éloignées des saines théories qu'on le pense généralement : mais il faut avouer aussi qu'on ne rencontre pas l'application de ces mêmes données dans les appareils de chauffage indistinctement, et que la plupart étaient comme ensevelis dans la mémoire d'un petit nombre de praticiens.

CHAPITRE IX.

OBSERVATIONS GÉNÉRALES, ET PRINCIPAUX MOYENS EMPLOYÉS DANS L'INTENTION DE DÉTERMINER LE TIRAGE DES TUYAUX ET D'EMPÊCHER LA FUMÉE D'ÊTRE REFOULÉE.

Nous allons passer en revue les principaux appareils employés extérieurement dans le dessein d'augmenter, de déterminer quelquefois le tirage des tuyaux, d'empêcher, dans tous les cas, le courant d'air extérieur de s'y introduire. Comme leur aspect est fort loin d'être agréable, et qu'ils sont peu susceptibles de devenir des objets de décoration, on ne saurait attribuer le grand nombre d'espèces qui existent de ces appareils au désir d'en varier les formes ; cette variété tient uniquement à ce que l'appareil qui a réussi pour tel tuyau, a été employé sans succès pour tel autre : de là, la nécessité d'imaginer divers expédiens selon la diversité des cas. En effet, deux tuyaux placés en apparence sous une influence analogue relativement à leurs foyers respectifs, peuvent être soumis à l'action d'une foule de causes dissemblables. Telles sont la disposition et l'étendue du local où se trouve chaque foyer, la nature du combustible qu'on y brûle, quelque différence dans la longueur des tuyaux, et, à l'extérieur, l'effet inaperçu de quelqu'un des objets environnans, etc., etc. Le tuyau qui prend son origine à un étage, se comporte différemment que celui qui commence à un autre étage : que l'un soit dévoyé à gauche, l'autre à droite, les causes accidentelles n'agiront pas également. Tant de nuances très difficiles, sinon impossibles à apprécier, expliquent suffisamment l'inutilité des efforts qu'on ferait pour parvenir à trouver un moyen infaillible applicable à tous les cas.

Le volume d'air que transmet le foyer est en raison, 1° de son ouverture; 2° de la capacité de la pièce dans laquelle il est établi; 3° des moyens employés pour alimenter la combustion; 4° du tirage du tuyau. Le volume des produits de la combustion, que nous continuerons à confondre sous la dénomination de fumée, est en raison, 1° de l'espèce des matières combustibles qu'on brûle dans le foyer; 2° de la quantité de ces matières; 3° de leur état de siccité; 4° de la température du foyer, qui fait qu'un corps qui se répand en vapeur s'enflammerait à un degré supérieur de température, et que la dilatation, l'élasticité de tous sont dans un constant rapport avec la température du foyer. Ces considérations, dont on pourrait déduire une foule de nuances lorsque la fumée s'écoule par la sommité du tuyau, doivent naturellement faire penser que l'orifice d'écoulement de la fumée doit être en rapport avec le volume des produits que transmet le foyer, et les effets relatifs à la température des produits de la combustion et de l'air qui sert à l'alimenter.

N'envisageons qu'un appareil, et prenons les produits et les effets de la combustion à différens états : dans celui de dilatation, d'élasticité extrême, la fumée qui pourrait sortir librement par l'orifice du tuyau, aura-t-elle besoin d'une ouverture plus spacieuse dans l'état opposé, son degré de ressort, sa légèreté étant moindres? Si nous considérons, d'une autre part, qu'à cette distance du foyer, la légèreté et le degré de ressort de la fumée diminuent à chaque moment, on pourra penser qu'il est nécessaire d'en faciliter l'écoulement au passage de l'orifice; mais l'air qui alimente la combustion et les produits gazeux qui s'en dégagent, en passant par un lieu plus étroit que celui qui les contenait, acquièrent une vitesse telle, que l'écoulement dans le tuyau n'en est pas diminué : de là, tout procédé qui tend à rétrécir l'ouverture de la sommité d'un tuyau d'une manière proportionnelle, n'apporte aucun obstacle à l'écoulement de la fumée; celle-ci acquiert, au contraire, une vitesse au passage qui la rend plus propre à se frayer une issue au travers de l'air ambiant, et ce procédé met obstacle en même temps à l'introduction du courant d'air extérieur. C'était l'opinion des anciens auteurs; c'est encore celle des modernes, et on lui doit l'origine de ce qu'on nommait *fermeture des tuyaux*, et des procédés dont nous nous occupons : nous les diviserons en *appareils fixes* et en *appareils mobiles*.

SECTION PREMIÈRE.

Appareils fixes.

Le rétrécissement de l'orifice supérieur *A* d'un tuyau d'écoulement, tel qu'il est représenté (*fig.* 39, *pl.* V), était généralement pratiqué; mais on ne tarda pas à sentir le besoin de soustraire l'ouverture du tuyau, ainsi rétréci, à l'influence des vents, du soleil et de la pluie, et l'on imagina successivement les appareils que nous allons décrire.

De tous les nombreux procédés imaginés, les mitres seules sont devenues d'un usage presque général : peut-être faut-il l'attribuer à leur simplicité, et à ce qu'elles peuvent s'adapter à toute espèce de construction. Remarquons cependant que les mitres, même concurremment avec les moyens usuels pratiqués pour les foyers, ne remplissent le double but proposé que dans les cas ordinaires.

Au commencement du XVIIIe siècle, on suppléait encore à l'emploi de nos mitres modernes d'une singulière façon. Une ordonnance de police, du 28 mars 1724, défend aux maçons et couvreurs l'usage qu'ils avaient introduit de mettre sur les tuyaux de cheminée, pour les empêcher de fumer, des paniers d'osier enduits de plâtre, l'expérience ayant prouvé que ces paniers, en se desséchant, devenaient aisément combustibles, et que le feu s'y mettait.

Les mitres les plus simples et les plus généralement employées sont celles qui sont représentées en élévation (*fig.* 40, *pl.* V), et en coupe (*fig.* 39) : elles se faisaient en plâtre ; depuis quelque temps, et avec raison, elles se font en terre cuite.

On fait maintenant, et l'on emploie à Paris, ainsi que dans les environs, la mitre *fig.* 41. Sa base, de même forme que celle de la précédente, va se raccorder avec un bout de tuyau circulaire de 6, 8 à 10 pouces de diamètre. Ces deux sortes de mitres font aujourd'hui l'un des objets de la fabrication des potiers de terre.

Si l'on peut faire à ces dernières mitres l'application de ce principe d'hydraulique, *que la dépense par des orifices circulaires est seule régulière et donne les plus grands produits sous une charge constante*, elles rempliront mieux le but proposé que les autres.

« La plupart des chambres ne fument, dit M. Tred-
« gold, que parce que les tuyaux de leurs cheminées
« sont trop larges. Il faut bien qu'ils soient assez
« larges pour qu'un ramoneur puisse y monter, tant
« qu'on emploiera le moyen actuel pour les nettoyer.
« On les fait de la même grandeur pour toute sorte

« de chambres, soit que les foyers doivent être grands, « soit qu'ils doivent être petits; quelquefois seulement on les fait plus étendus, lorsqu'il est question « des cheminées de cuisine. Le lecteur qui aura lu « avec attention les articles 93 et 94 (art d'aérer et « d'échauffer les édifices), ainsi que la note qui s'y « rapporte, comprendra facilement que, quand une « cheminée est trop grande pour le feu, il doit y avoir « une perte considérable de chaleur pour échauffer « assez d'air afin de remplir le tuyau et y établir un « courant ascendant; de plus, la fumée étant plus « pesante que l'air ordinaire échauffé au même degré, « il peut arriver souvent que celui-ci soit arrêté et « refroidi dans un tuyau très large, de manière que « la fumée qui s'élève du feu retombera et entrera dans « la chambre. Quand les tuyaux ont les mêmes dimensions, on ne peut remédier qu'en partie à cet inconvénient; et le meilleur moyen qu'on ait pour le « faire, consiste à diminuer jusqu'à un certain point « l'ouverture du haut du tuyau. Dans le but d'établir la proportion de cette diminution, j'ai observé « que, pour chaque fois trois pouces de longueur « d'une grille d'un foyer de grandeur ordinaire, la « consommation moyenne est d'une livre de charbon « par heure, mais qu'il donne au commencement à « peu près une quantité double de fumée; et quand « on consomme ce poids de charbon, la température « s'élève d'environ 16° (7° Réaumur) dans le tuyau,

« en conséquence, il paraît (art. 93) que l'aire de « la section du tuyau doit être telle qu'il puisse s'é- « chapper $\frac{450}{3}$ pieds cubes de fumée par heure pour « chaque pouce de longueur de la grille, et l'on a, « en donnant ce qu'il faut à la ventilation, cette règle « fort simple :

« *Règle.* Divisez 17 fois la longueur de la grille « en pouces par la racine carrée de la hauteur du « tuyau en pieds; le quotient sera égal à l'aire que « doit avoir l'ouverture du sommet en pouces. »

Dans ce que dit M. Tredgold, la grille doit être prise pour l'âtre du foyer, et peu importe pour le principe que l'on y brûle du charbon ou du bois; l'effet doit être le même dans le tuyau, et la seule différence peut exister dans la nature des produits de la combustion.

La règle du rétrécissement de l'ouverture du sommet du tuyau $\frac{17 \times 15^{\circ}}{\sqrt{36}}$ ou $\frac{255}{6} = 42$ pouces et demi est sujette à des contradictions, particulièrement pour les cheminées. Supposons que le foyer dont la longueur de la grille est de 15 pouces, et qui a un tuyau de 36 pieds de haut, soit établi au rez-de-chaussée et qu'on veuille faire un pareil foyer au quatrième étage d'un même bâtiment; le tuyau de cette dernière cheminée aura environ 9 pieds de haut, et la règle 255 pouces divisés par la racine carrée de 9 donnera 85 pouces pour la superficie de la section de l'ouverture, toutes autres choses égales d'ailleurs, excepté la longueur des tuyaux; et alors on aura 85 pouces de superficie au lieu de 42 pouces et demi pour l'ouverture de la sommité d'un tuyau qui aurait trois fois moins en hauteur que l'autre. Retournons à M. Tredgold.

« Le haut d'un tuyau tout construit peut être faci-
« lement rétréci et réduit à une étendue convenable,
« au moyen d'un chapiteau en cuivre ou en tôle que
« vous peindrez, et qui puisse se placer en haut du
« tuyau. La meilleure forme qu'on puisse donner à
« ce chapiteau et qui remplisse le mieux son objet,
« est celle que représente la *fig.* 42 (*pl.* V). *AB* est
« l'ouverture dont la grandeur est donnée par la règle;
« *CA* et *CB* représentent une surface conique et
« en pente, qui peut souvent empêcher que le vent
« ne rabatte la fumée dans le tuyau; *DE* fait voir
« la forme arrondie qu'il faut donner à l'intérieur,
« afin de prévenir les contre-courans, et conduire par
« une courbe facile la fumée vers l'ouverture par où
« elle doit sortir; *BD* est une partie en ligne droite
« que je crois nécessaire.

« Je conseille ce rétrécissement au haut, pour dimi-
« nuer la force qu'oppose le vent, ou même la seule
« pesanteur de l'air, à l'ascension de la fumée, et pour
« empêcher que le tuyau ne soit refroidi par de dou-
« bles courans d'air, ce qui arrive souvent dans ceux
« qui sont larges, et enfin pour diminuer la perte de
« chaleur qui doit avoir lieu nécessairement, pour
« soutenir un courant de fumée dans un grand tuyau.

« Si l'on ne faisait le rétrécissement qu'au bas, le « moindre obstacle diminuerait la force d'ascension. « Il en est de ceci comme du rétrécissement d'un tuyau « qui fournit un jet d'eau; une ouverture au sommet, « plus grande qu'il n'est nécessaire, a de plus l'in- « convénient de permettre à la pluie et à l'air froid de « pénétrer dans le tuyau et d'arrêter la fumée.

« L'addition d'un couvercle est quelquefois néces- « saire pour mettre l'ouverture rétrécie à l'abri des « vents. Celui qui est représenté *fig.* 43, pourrait « souvent être employé avec succès.

« En construisant le chapiteau pour rétrécir avec « du ciment romain, il vaudrait beaucoup mieux et « serait plus durable. »

A part la règle ci-dessus, on doit apercevoir dans toutes autres choses que les bonnes doctrines sont, en Angleterre, conformes aux nôtres, et que j'avais quelque raison de dire que les idées de M. Tredgold viendraient souvent confirmer celles sur lesquelles j'établissais la base de mon travail. Je lui en emprunterai d'autres dans la rédaction des différens traités qui m'occupent.

Fig. 44. Suite de tubes cylindriques en tôle dont la partie inférieure entre dans le tuyau, et terminée par ce qu'on nomme *champignon simple*, *chapeau*.

Fig. 45. Autre suite terminée par un bout dit *champignon à la noix*, composé d'une partie de cône tronqué, dont la base est d'un diamètre plus grand que celui du tube, et en recouvre l'orifice, ce qui permet au courant d'air extérieur de passer entre les deux pour pousser ou pour rabattre la fumée.

Fig. 46. Appareil connu sous le nom de *bonnet de prêtre*, et composé des deux systèmes précédens.

Fig. 47. Suite de tubes terminée par une tôle cintrée dite *bonnet à la cauchoise.* Ce chapeau recouvre à une certaine hauteur l'ouverture supérieure du tube; et ses côtés, plus grands que le diamètre du tube, descendent plus bas que l'orifice de sortie de la fumée. Il est évident que les eaux pluviales et les rayons solaires ne peuvent pénétrer dans le tuyau, ni les vents qui frappent les côtés du bonnet entrer dans l'orifice du tube et nuire au tirage. Cependant cet appareil, l'un des plus simples, n'est pas toujours efficace, parce que cette sorte de chapeau et ses analogues n'obvient qu'en partie aux inconvéniens des rayons solaires, de la pluie ou du vent, puisque l'appareil est ouvert de deux côtés. A la vérité, on place les côtés fermés dans la direction des vents les plus fréquens; mais cette disposition est quelquefois insuffisante. On remédie complètement à cet inconvénient en plaçant devant les ouvertures horizontales libres, et à distance, deux plaques verticales plus grandes (*fig.* 47 *bis*). On ferme ainsi tout accès aux vents qui ont une direction horizontale, et l'on augmente les obstacles opposés à ceux qui se dirigent de haut en bas.

Fig. 48. *Champignon à la noix*, terminé par le *bonnet à la cauchoise.*

Fig. 49. *Double champignon à la noix*, terminé par un chapeau simple, et qui peut l'être par le bonnet à la cauchoise. Il est facile de voir que, par cette disposition, les vents horizontaux ou perpendiculaires, en se réfléchissant contre la surface des cônes tronqués, prendront une direction descendante et favoriseront la sortie de la fumée, tandis que le chapeau empêchera ces vents de pénétrer dans l'orifice.

Pl. VI, *fig.* 50. Autre suite de tubes terminée par un bout horizontal dit *té à abat-vent.*

Fig. 51. *Double té à abat-vent.* Cet appareil est une modification de la précédente figure, et il est facile de voir qu'au moyen des tubes ajoutés, quelle que soit d'ailleurs la direction du vent, il y aura toujours au moins deux issues par lesquelles la fumée sortira librement.

Fig. 52. Appareil qui a été proposé par M. Desarnod : il est composé d'une mitre et d'un tuyau qui se bifurque, et dont les deux extrémités descendent verticalement.

Ces différens procédés, que l'on peut beaucoup varier, s'emploient avec plus ou moins de succès pour soustraire l'orifice des tuyaux à l'influence des vents réguliers et de ceux que répercutent les corps dominans. Je ne m'arrêterai pas ici à en discuter les avantages ou les défauts; en les comparant, le lecteur pourra aisément se rendre compte de leurs effets, avant d'en faire l'application: nous réservons d'ailleurs ces détails pour le Traité des cheminées.

La fumée doit éprouver, dans ces bouts de tôle, un refroidissement considérable, qui contribue à en ralentir l'écoulement; pour éviter cet effet préjudiciable, il faudrait que les appareils que l'on met au sommet des tuyaux fussent toujours faits avec des matières faibles conducteurs de la chaleur, ou enduites de substances de cette nature, ou recouvertes d'une double enveloppe.

SECTION II.

Appareils mobiles.

Les appareils mobiles ont tous pour objet de diriger l'ouverture de sortie de la fumée du côté opposé au vent, de sorte qu'elle prenne la même direction que le courant d'air : alors non-seulement le vent ne s'oppose pas à la sortie de la fumée, mais, quand il a une vitesse plus grande que celle-ci, il augmente toujours le tirage.

Le premier appareil mobile a été imaginé par Alberti, architecte florentin, qui vivait en 1400. Il consiste en une calotte hémisphérique, dont l'ouverture, au moyen d'une plaque formant girouette, se trouve toujours dans le sens opposé au vent. L'inspection de la *fig.* 53, (*pl.* VI), suffit pour en faire connaître le mécanisme. Cette invention ingénieuse a quelquefois son utilité; mais comme elle ne peut être exécutée qu'en métal, elle est dispendieuse, sujette à de fréquentes réparations, et ne saurait servir que pour des tuyaux suffisamment isolés; car si quelques corps dominans ou plusieurs autres tuyaux se trouvaient trop à proximité, le jeu des girouettes serait indubitablement contrarié. Les tabourins de Paduanus et les différentes gueules de loup ne sont que des combinaisons ou des modifications de l'appareil inventé par Alberti.

Fig. 54. Coupe et élévation de face d'une *gueule de loup cylindrique.*

L'appareil d'Alberti, tel qu'il est représenté à la figure précédente, ne peut s'adapter qu'au sommet d'un tuyau circulaire; ici l'ouverture du tuyau est surmontée par une mitre de la seconde espèce, dont l'extrémité circulaire entre dans le cylindre mobile fermé en-dessus et portant latéralement une large ouverture pour donner issue à la fumée. Une plaque ou girouette est placée au-dessus du couvercle, dans le sens du diamètre qui divise l'ouverture latérale en deux parties égales.

Le vent qui effleure la surface extérieure du cylindre, ou celui qui se rabat par-dessus la gueule de loup, peut porter obstacle à la sortie de la fumée et même entrer dans le tuyau : pour obvier à cet inconvénient, on a imaginé de mettre l'ouverture à l'abri du vent, au moyen de trois feuilles de métal saillantes et évasées, soudées sur le cylindre. Cette disposition est représentée par les élévations de face et latérale de la *fig.* 55. Nous la nommerons *gueule de loup à ailes.*

Fig. 56. *Gueule de loup en équerre.* Cet appareil, dans sa simplicité, est composé d'un tube vertical tournant sur une mitre de la seconde espèce, et portant un autre tube retourné d'équerre. On a proposé d'y ajouter un petit tube *A*, concentrique à la branche horizontale et ayant son orifice extérieur en forme d'entonnoir *B*, pour que l'air qui s'introduit par cet orifice, qui est toujours exposé au vent, sorte par le petit tube et entraîne la fumée au dehors, en établissant un courant, s'il n'y en a pas, ou en l'augmentant, s'il y en a un. Mais remarquons que quand l'appareil est exposé au vent, si le petit tube était fermé, l'air environnant produirait déjà un tirage sur toute l'étendue de l'orifice de sortie de la fumée; d'où l'on peut conjecturer que cet appareil prétendu perfectionné n'est pas meilleur que l'appareil simple.

Les derniers appareils mobiles seraient évidemment les meilleurs de tous, si l'on pouvait donner une mobilité parfaite au cylindre; mais comme le frottement est toujours assez considérable, il arrive quelquefois, lorsque le vent est très faible, que l'ouverture latérale se trouve dirigée du côté du vent, et par conséquent, si le tirage est très faible, que la fumée sort par le foyer. Ce cas peut arriver d'autant plus fréquemment, que, dans cette position, le vent n'a aucune action sur la girouette. A la vérité, l'équilibre est instantané; c'est-à-dire, pour peu que la girouette soit dérangée, elle abandonne cette position pour ne plus y revenir; mais on conçoit facilement que les frottemens peuvent, par des vents très faibles, la faire persister même sous un angle assez grand. Cependant on peut toujours diminuer beaucoup les chances de l'inefficacité de l'appareil, en donnant de plus grandes dimensions aux girouettes et le plus de liberté possible aux mouvemens.

Assez ordinairement l'axe du mécanisme est fixé à la partie mobile et tourne avec elle; mais ces appareils produisant un bruit très désagréable, on a proposé de faire porter la base de l'axe sur un collier en plomb, sans réfléchir que cette matière ne peut résister long-temps au frottement. La manière la plus simple d'établir la suspension du mécanisme, est de fixer solidement l'axe au tuyau d'écoulement et de l'assujétir par des croisillons; on le termine par une pointe mousse, laquelle repose dans une crapaudine fixée au sommet du chapeau du couvercle; et la tige passe par une ouverture pratiquée dans une traverse fixée à l'appareil pour en maintenir la stabilité.

Ces appareils se construisent presque toujours en tôle, et par conséquent seraient de peu de durée, si l'on ne prenait pas les précautions nécessaires pour s'opposer à l'oxidation du fer. Le meilleur vernis que l'on puisse employer, dit M. Péclet, c'est le goudron qui provient de la distillation du bois.

Pl. VII. Une disposition des plus simples, représentée *fig.* 57, est désignée sous le nom de *bascule turque*. Cet appareil se compose d'une plaque mobile autour d'un axe horizontal fixé entre les parois du tuyau d'écoulement; la plaque ayant sa partie inférieure un peu moins large que celle du tuyau d'écoulement, et la partie supérieure étant plus grande, il est évident que le vent, en agissant sur la partie supérieure de la plaque, l'inclinera de manière que la fumée sorte toujours dans la direction du vent. Cet appareil est très simple; mais il a l'inconvénient d'être sans influence quand le vent est dirigé latéralement à la plaque. Cependant on peut l'employer avec avantage en dirigeant l'axe horizontal perpendiculairement à la direction des vents dominans.

Fig. 58. Coupe, élévations de face et latérale d'une disposition analogue à la précédente, mais pour laquelle le vent qui viendrait latéralement ne pourrait exercer qu'une faible influence sur l'ouverture de sortie de la fumée. Quand le vent serait dirigé dans le sens de la flèche *B*, il est clair que la bascule se maintiendrait dans la position où elle est figurée en coupe; pour la faire changer progressivement de place, il faudrait placer extérieurement, aux extrémités de l'axe, des ailes ou espèces d'index *A*, afin que le vent passant, je suppose, de *B* en *C*, pour prendre la direction opposée au courant *B*, agissant obliquement sur l'aile *A*, commence à faire mouvoir la bascule, qui alors prendra facilement la position opposée à celle qu'elle a, à mesure que le vent parcourra le quart de cercle *C D*.

On a encore proposé d'employer des cages à 2, 4, 6 ou 8 pans, fermées en dessus, et garnies, sur chaque face, d'une ouverture ayant un volet mobile ferré à charnière dans la partie supérieure. Ces volets sont maintenus deux à deux, à un degré d'ouverture convenable, par une tringle qui les unit (*fig.* 59); de sorte que, quand le vent souffle d'un côté, il ferme lui-même l'ouverture par laquelle il se serait introduit et agrandit l'ouverture opposée. Cette disposition pourrait facilement s'appliquer à de larges tuyaux, et serait bien plus sûre et bien moins dispendieuse que les autres, parce qu'il suffirait de ménager dans le haut du tuyau et dans la maçonnerie un certain nombre d'ouvertures que l'on fermerait par des volets liés entre eux au moyen de tringles.

Précautions à prendre. Celui qui a eu occasion d'employer divers procédés, a dû se convaincre qu'une foule de circonstances imprévues s'opposent souvent à l'effet attendu, ou nécessitent des précautions qui avaient paru inutiles quand on opérait dans le cabinet.

Avant d'en venir à l'application d'un procédé quelconque en ce genre, il est donc nécessaire de faire un examen attentif des lieux, pour s'assurer s'il n'existe pas de causes qui pourraient contrarier ou paralyser l'effet auquel on veut atteindre. Par exemple, tel appareil fixe ou mobile qui réussira sur un tuyau isolé, pourra bien échouer sur un tuyau placé auprès d'autres tuyaux dans le sens de sa longueur; supposons qu'il réussisse dans cette dernière hypothèse, le contraire pourra avoir lieu si d'autres tuyaux sont accouplés dans le sens de la largeur, encore plus s'il s'en trouve de groupés dans tous les sens; et ces différens cas sont communs aux bâtimens à plusieurs étages. Le plus souvent il ne suffit pas de n'envisager que les causes particulières que l'on veut combattre; il faut encore, 1° rechercher les causes qui pourraient contrarier ou annuler l'effet que vous attendez de l'emploi de votre procédé; 2° rechercher si l'application de ce même procédé ne porterait pas préjudice à tel autre appareil voisin déjà exécuté et qui remplit l'intention.

SECTION III[1].

Mouvement de l'air chaud dans un canal cylindrique rétréci à sa partie supérieure.

Avant de faire des expériences à ce sujet, je pensais, comme cela paraît évident au premier abord, que la

(1) *Traité de la Chaleur*. M. Péclet.

vitesse à l'orifice devait rester constante, quel que fût le rapport entre le diamètre de l'orifice d'écoulement et celui du canal, et par conséquent que la dépense et la vitesse moyenne devaient diminuer proportionnellement à la surface de l'orifice. Je fus fort étonné de trouver des résultats qui ne s'accordaient point avec cette loi. Je répétai plusieurs fois les expériences sur des cheminées différentes, en prenant toutes les précautions possibles pour que l'air chaud n'eût d'autre issue que l'ouverture du diaphragme ; mais j'obtins toujours des résultats à peu près semblables. En réfléchissant à cette anomalie apparente, j'en découvris la cause, et je vis qu'en effet les vitesses moyennes devaient diminuer bien moins rapidement que les sections des orifices.

Dans les cheminées qui sont toujours longues et étroites, la pression à l'extrémité supérieure n'est jamais qu'une fraction de la pression génératrice du mouvement, et cette fraction croît à mesure que la vitesse diminue dans la cheminée et proportionnellement à son carré; de sorte que la pression au sommet ne serait rigoureusement égale à la pression qui produit le mouvement, que dans le cas où la vitesse serait nulle. On voit, d'après cela, qu'à mesure qu'on diminue l'orifice supérieur d'une cheminée, la vitesse diminuant dans le canal, la pression au sommet devient plus grande, et par conséquent la vitesse d'écoulement par des orifices décroissans doit décroître moins rapidement que les carrés de leurs diamètres. C'est en effet ce que l'expérience a parfaitement confirmé.

Nous conclurons des résultats obtenus, que les diaphragmes placés au sommet des cheminées ne diminuent pas la dépense proportionnellement à leur étendue ; que, par conséquent, la vitesse du courant dans le diaphragme augmente à mesure que sa section diminue, et réciproquement; que l'ouverture du diaphragme restant la même, ainsi que toutes les autres circonstances, la vitesse dans le diaphragme augmente à mesure que le diamètre du canal croît; et que, si le diamètre du canal était assez grand pour que l'on pût négliger la vitesse de l'air qui le parcourt, la vitesse à l'orifice serait sensiblement égale à la vitesse théorique.

Relativement à la plus grande vitesse d'écoulement par un même orifice supérieur, il est évident que les cheminées les plus avantageuses sont encore les cheminées les plus larges, terminées à leur partie supérieure par l'orifice donné (*fig.* 60) ; et pour un même orifice, la dépense est plus grande, quand il est court et cylindrique (*fig.* 61), que quand il est percé en minces parois; et, quand il est évasé (*fig.* 62), la dépense est encore plus considérable. Dans ces trois cas, les dépenses sont entre elles comme les nombres 63, 93 et 95.

Par là, on augmente beaucoup la vitesse à l'orifice ;

et, par conséquent, il faut que le vent ait une grande vitesse et une direction très inclinée à l'horizon, de haut en bas, pour refouler la fumée. La petite étendue à l'orifice obvie aussi presque complètement à l'inconvénient qui résulterait de l'introduction des rayons solaires et de la pluie.

Je ferai remarquer que l'accroissement de vitesse des produits de la combustion, en passant par un orifice plus étroit que le canal qui les contenait, est favorable au système des tuyaux d'écoulement communs: car on peut assimiler aux diaphragmes placés au sommet des tuyaux, les goussets pratiqués à chaque ouverture d'un tuyau particulier, pour faire prendre à la fumée la direction du courant général. Ainsi, la vitesse de la fumée d'un tuyau particulier augmentant au moment de son entrée dans le tuyau commun, il doit en résulter successivement que les produits de la combustion, à cet instant, ont plus de force, 1° pour entraîner la fumée qui se trouve au niveau ou au-dessus de l'ouverture d'entrée; 2° pour s'opposer au mouvement de refoulement qui pourrait avoir lieu; et qu'enfin un tuyau supérieur doit nécessairement servir d'appel aux tuyaux inférieurs.

M. Péclet fait en forme de calotte les chapeaux ou champignons simples qui se placent au-dessus ou au-devant des appareils fixes, et il y ajoute une modification avantageuse qui consiste à garnir le chapeau d'une autre calotte placée en sens contraire; par cette disposition, qui forme une lentille du champignon simple, cette partie de l'appareil a l'avantage de réfléchir en dehors les vents qui viendraient en dessous.

La *figure* 63, *planche* VII, représente une variété de té à abat-vent, avec l'application des lentilles de M. Péclet.

CHAPITRE X.

DISCUSSION AU SUJET DES DIMENSIONS A DONNER AU PLAN DES TUYAUX D'ÉCOULEMENT.

Les tuyaux d'écoulement doivent particulièrement fixer notre attention, à raison des changemens opérés dans leur construction, et de l'influence marquée qu'ils exercent sur les causes du refoulement de la fumée dans les appartemens.

« Si je traitais ce sujet d'une manière superficielle, « mes écrits ne seraient utiles à personne et ma peine « serait perdue ; je n'aurais pas rempli la tâche que « je me suis imposée : mais en approfondissant cette « matière, j'engagerai peut-être d'autres personnes « à lui accorder ce degré d'attention qu'elle mérite « certainement, à raison de son importance pour la « société. Si des perfectionnemens dans les objets d'un « luxe élégant, auquel très peu de personnes peuvent « atteindre, sont cependant regardés comme des ob- « jets d'intérêt public, combien ne seront pas plus « intéressans les perfectionnemens qui contribuent « au bien-être et à l'agrément de toutes les classes « de la société, riches et pauvres[1] ?

(1) Rumford.

Je commencerai par faire observer que les savans qui ont établi des calculs pour déterminer, dans les différens cas, les dimensions à donner au plan des tuyaux d'écoulement, ont eu plutôt en vue les appareils de chauffage destinés aux usines que les cheminées : tandis que j'envisagerai principalement ces dernières comme faisant partie essentielle de nos habitations, et présentant des difficultés nombreuses lorsqu'on veut les empêcher de fumer ; difficultés qui ne se rencontrent pas dans les autres appareils de chauffage, de quelque manière, d'ailleurs, que soit construit le tuyau et quelles que soient les dimensions de son plan.

Les réglemens de 1712 et 1723 fixent les dimensions des tuyaux de cheminées à 3 pieds de long sur 10 pouces de large [360 pouces superficiels], dans œuvre, pour les chambres ; les tuyaux de cheminées de cuisine des grandes maisons, des hôtels garnis, doivent avoir de 4 pieds $\frac{1}{2}$ à 5 pieds sur 10 pouces de large [570 pouces superficiels], et être construits en briques, avec des fantons en fer de distance en distance. Que les tuyaux des cheminées fussent verticaux ou dévoyés, la forme de leur plan, comme on le voit, était celle d'un rectangle alongé.

Dans les objets qui devraient être le résultat de l'expérience, les Français passent subitement, comme en bien d'autres choses, d'un extrême à l'autre. Maintenant on ne fait plus à Paris, presque pour toutes les cheminées, grandes, moyennes ou petites, que des tuyaux circulaires de 8 à 10 pouces de diamètre; et celui qui ne suivrait pas le torrent, pourrait être taxé d'un entêtement gothique. C'est, ce me semble, aller pourtant un peu trop vite en innovations. Qu'il me soit permis de déclarer qu'en pareille matière, il y aurait eu de la prudence à ne pas changer inopinément de méthode pour en adopter une autre si différente, et qu'il aurait fallu d'abord s'étayer de l'expérience. En effet, quel sera le remède, si le succès ne vient pas justifier la hardiesse de l'entreprise? On a commencé par faire les tuyaux circulaires en fonte de fer; mais on s'est aperçu un peu tard que, la matière refusant de se lier avec celle du mur, ces tuyaux le coupaient depuis leur naissance jusqu'au sommet; et que la fonte ne pouvant suivre les effets du tassement de la maçonnerie, il se faisait dans celle-ci des ruptures. Pour remédier aux graves accidens qui pouvaient en être la conséquence, on a fait fabriquer des briques échancrées d'un quart de la circonférence du tuyau, qui s'emploient et se lient, comme d'autres briques, avec la maçonnerie du mur.

Savot, dans son *Architecture française*, 1673 et 1685, avait déjà émis l'opinion que, lorsque le tuyau de la cheminée a trop de longueur ou de diamètre, eu égard à la petitesse de la chambre, elle est sujette à fumer, parce que le vent s'y introduit facilement, et que le volume d'air de la pièce n'étant pas suffisant pour entretenir la combustion, il en entre par le tuyau.

« Montgolfier, ramenant les effets du tirage aux « lois de l'hydrodynamique, a donné une méthode « pour déterminer *à priori* les dimensions des che- « minées, et particulièrement de celles des usines. « Soit, par exemple, un foyer devant brûler 150 ki- « logrammes de charbon par heure, et déterminons la « grandeur du passage que le tuyau doit laisser à la « fumée ou air brûlé: le charbon brûlé par seconde « sera $0^k,042$, et le volume d'air correspondant « $20 \times 0^k42 = 0,084$ mètre cube. La densité de l'air « brûlé à la température de 150° est les $\frac{2}{3}$ de celle de « l'air atmosphérique. Si donc la cheminée a 20 mè- « tres de hauteur, la fumée s'élèvera comme si elle « était pressée par une colonne d'air de $20 \times \frac{1}{3}$ ou « $6^m,67$; c'est-à-dire qu'elle prendra une vitesse égale « à $\sqrt{19,62 \times 6,67} = 13$ mètres: mais comme il doit « passer par seconde 0,84 mètre cube, la moindre « section du passage devra être $\frac{0,84}{13} = 0^m\ 0643$; et si « l'on fait le conduit cylindrique, son diamètre devra « être égal à $2\sqrt{\frac{0,0643}{\pi}} = 0^m\ 28^c$.

« Cette détermination suppose que l'air continuera « à se mouvoir librement dans le conduit, abstraction « faite de son adhérence et des obstacles que l'accu- « mulation de la suie opposera à son passage; mais « pour tenir compte de ces circonstances, il convien-

« dra de donner généralement au tuyau de la chemi-
« née le double du diamètre déterminé par le calcul[1]. »

Dans le premier cas, on a environ 0,25^{c} (9 pouces 3 lignes) pour le côté d'un carré, ce qui donne 86 pouces de superficie; et, dans le second, 0,28^{c} de diamètre (10 pouces 4 lignes), donnent une surface de 83 pouces pour la moindre section du passage de la fumée produite par la combustion de 150 kil. de charbon par heure, dans un tuyau de 20 mètres de haut. Mais si l'on donne le double du diamètre déterminé par le calcul, on aura, dans le premier cas, 232 pouces superficiels, et 336 pouces dans le second; c'est s'écarter étrangement des dimensions déterminées par le calcul, calcul qui doit varier à chaque changement dans la hauteur du tuyau.

Il est probable que l'augmentation conseillée pour la dimension du diamètre trouvé par le calcul, est fondée sur ce principe d'hydraulique: *Le resserrement de l'eau dans les tuyaux de conduite nuit à sa vitesse, et l'on augmente le diamètre pour que la dépense n'en soit pas altérée par l'effet des frottemens.*

La troisième proposition de M. Chaptal, rapportée sect. v, chap. VII, est celle-ci: Les dimensions de la section horizontale du tuyau n'influent en rien sur le tirage; mais, sous ce rapport, ces dimensions doivent

(1) *Encyclopédie moderne*, art. *Cheminées*.

être déterminées par le volume de la colonne d'air que transmet le foyer.

Un auteur a dit : « Le volume d'air nécessaire pour « alimenter le feu doit être en raison de la capacité « du foyer ; » ce qui revient à proportionner la capacité du foyer à la grandeur de la pièce.

M. Guyton-Morveau, dans un mémoire publié à ce sujet, dit qu'il n'y a qu'un seul moyen de se garantir de la fumée; c'est la réduction des tuyaux; et il en détermine les dimensions à environ 20 pouces sur 9 [180 pouces superficiels].

Si l'on ne perd pas de vue que des effets opposés de courans d'air atmosphérique peuvent avoir lieu dans l'intérieur des tuyaux; qu'à leur base, les causes accidentelles intérieures, et à leur sommité, tous les effets des causes accidentelles extérieures, exercent leur action, on sera peu surpris que cette partie du sujet que nous traitons soit soumise à tant de conjectures. Elle est en effet la plus délicate en même temps que la plus importante à approfondir.

Que les dimensions du plan du tuyau n'aient point d'influence sur le tirage, cela est sensible à l'inspection des *figures* 21, 22, 24 et 27, où il est démontré que le tuyau débite également bien la fumée, qu'il y ait du feu dans un seul ou plusieurs foyers.

Pour que les dimensions du plan du tuyau pussent être déterminées par le volume de la colonne d'air que transmet le foyer, il ne suffirait pas d'établir une proportion entre l'ouverture du foyer et les dimensions du tuyau; car le volume que transmet le foyer est aussi en raison de l'activité du tirage, ce qui est très variable, et dépend souvent d'une infinité de causes qui n'ont pas encore été toutes précisées.

Le volume d'air nécessaire pour alimenter le feu doit être en raison de la capacité du foyer. Négligeons les moyens de procurer de l'air dans une pièce; il faudrait rencontrer un rapport entre la grandeur de la pièce et celle du foyer; et quand on y parviendrait, tant de causes accidentelles viendraient contredire toute règle fixe sur cette matière, qu'il faut se garder d'en adopter aucune exclusivement, jusqu'à ce qu'elle soit confirmée par l'expérience.

Renfermons la discussion entre ces deux extrêmes : un petit foyer, relativement aux dimensions du plan de son tuyau, est-il susceptible de bien marcher? En serait-il de même d'un grand foyer, relativement aux dimensions du plan de son tuyau?

J'ai déjà dit avoir eu plus d'une occasion de faire établir des foyers à la moderne dans de très anciennes cheminées dont les tuyaux avaient depuis 3 jusqu'à 5 pieds de long, sur 8, 9 et 10 pouces de large [432 pouces superficiels], et que j'avais, en général, parfaitement réussi par ce moyen à garantir ces cheminées contre l'incommodité de la fumée: cette dernière circonstance peut porter à penser que ces grands tuyaux n'étaient pas suffisans, dans l'état des localités, pour débiter la fumée de leurs anciens grands foyers.

Comparaison des méthodes.

Si nous comparons l'ancienne méthode, celle de M. Guyton-Morveau, et la méthode des tuyaux circulaires en usage dans les nouvelles constructions de Paris, pour trouver un rapport entre l'ouverture d'un tuyau et celle du foyer, nous aurons, en supposant un foyer de grandeur moyenne ayant 42 pouces de long sur 30 de haut, 1260 pouces de superficie pour son ouverture, ou 315 pouces réduits.

1re Méthode.	Long. du tuyau. 30° / Largeur. . . . . 8°	240° = 60°. .	60	|	315
2e Méthode.	Longueur. . . . 20° / Largeur. . . . . 9°	180 = 45. .	45	|	315
3e Méthode.	Diamètre. . . . . 10°	78 = 19. .	19	|	315

Et pour opérer en nombres ronds, plus faciles à retenir, le rapport du vide du tuyau à l'ouverture du foyer est à peu de chose près de 1 à 5 dans le premier cas, de 1 à 7 dans le second, et de 1 à 15 dans le troisième; ce qui rend sensible la différence qui existe entre l'ancienne méthode, long-temps et généralement pratiquée, et celle qui s'est introduite depuis peu à Paris. Remarquez que j'ai pris, pour la première méthode, des dimensions plus petites que celles qui sont prescrites par les réglemens, parce que je crois celles-ci suffisantes, et, pour la nouvelle méthode, le plus grand diamètre des tuyaux.

En faisant un tel rapprochement, je n'ai point eu la prétention d'en déduire une règle de pratique pour déterminer le rapport que doit avoir le vide du tuyau avec l'ouverture du foyer; les effets sont si variables pour des objets placés en apparence sous l'influence des mêmes causes, et il en est si peu dans ce cas; ces effets dépendent de tant de circonstances connues ou inconnues, que tout précepte qui n'aura pas le cachet du temps et de l'expérience, doit être indubitablement rangé parmi le grand nombre de conjectures qui ont été faites sur cette matière : il faudrait préalablement d'ailleurs trouver une première règle qui déterminât le rapport que doit avoir l'ouverture du foyer relativement à la capacité de la pièce, ayant égard aux circonstances particulières que chaque pièce peut présenter, etc.

Première méthode.

Les faits qui précèdent démontrent évidemment que ce n'est point aux dimensions prescrites par les réglemens qu'il faut uniquement imputer les causes qui contribuent à faire fumer les cheminées; pour peu qu'on veuille examiner avec quelque attention les anciennes qui existent encore, on reconnaîtra que, sans rétrécissement, soubassement ni ventouses, elles ne fument pas plus, peut-être moins, que les cheminées modernes avec tous ces accessoires. Seulement on remarquera que les dimensions des tuyaux étaient alors, en quelque sorte, proportionnées à la capacité des chambres, qui, en général, étaient beaucoup plus grandes qu'on ne les fait maintenant; d'où l'on doit conclure la nécessité de coordonner les réglemens avec l'état actuel des choses.

En prescrivant de donner 360 pouces superficiels au plan des tuyaux des cheminées des chambres, et 570 pouces de superficie moyenne pour ceux des cheminées des cuisines, ces anciens réglemens reconnaissaient au moins que ces dernières devaient avoir des tuyaux plus spacieux que les autres, et nous en verrons les conséquences. Il faut d'ailleurs considérer que ces mêmes réglemens avaient principalement en vue de faciliter les secours contre l'incendie, sans tenir aucun compte des inconvéniens de la fumée, but auquel tous les efforts tendent aujourd'hui, non moins qu'à obtenir l'avantage d'utiliser un même tuyau pour plusieurs appareils.

Quoi qu'il en soit, si l'on parvient à se convaincre par une suite de faits que les anciennes dimensions des tuyaux de cheminées sont une des principales causes du refoulement de la fumée dans les appartemens, il serait facile de les faire rétrécir, sans déranger rien dans l'intérieur des pièces; il suffirait de faire pratiquer des languettes dans ces tuyaux par de petits garçons exercés à ce genre de travail.

Deuxième méthode.

Il serait à désirer que l'assertion de M. Guyton-Morveau fût de tous points incontestable. Il n'y aurait point de propriétaire qui ne fît reconstruire ou diminuer les tuyaux de ses cheminées pour se garantir de l'incommodité de la fumée : cependant, je leur conseille d'attendre encore. S'y confier sans réserve, ce serait s'exposer à d'infaillibles mécomptes, ainsi que j'en ai moi-même acquis l'expérience. Quoi qu'il en soit, je ferai voir qu'on peut tout aussi bien réussir qu'autrefois, avec des foyers rétrécis, des soubassemens et des ventouses, en donnant aux tuyaux, relativement à la capacité des pièces ou des foyers, des dimensions peu différentes de celles qu'il indique.

Les réglemens cités, faits pour Paris, y étaient exclusivement en vigueur. Dans la plupart des provinces, on pouvait opérer arbitrairement. Avant que le mémoire de M. Guyton-Morveau fût venu à ma connaissance, j'avais la même opinion qu'il y exprime quant aux dimensions à donner aux tuyaux de cheminées des chambres, en les proportionnant à la petitesse de nos pièces d'habitation. Exerçant alors loin de la capitale, et libre d'opérer sans entraves, je pensais aussi qu'il suffisait de combiner ces dimensions de manière qu'elles pussent laisser seulement au ramonneur un libre passage. En conséquence, j'ai fait construire un assez grand nombre de tuyaux de cheminées depuis 18 jusqu'à 24 pouces de long sur 10 de large, et je n'aurais point hésité à adopter la moindre de ces deux longueurs, si j'avais été gêné pour leur établissement. De ces diverses cheminées, et parmi celles qui se trouvaient placées à peu près dans les mêmes circonstances, les unes ont été sujettes à fumer, les autres ne fumaient point.

Ainsi, en supposant égalité de chances entre les anciens tuyaux et ces derniers, ceux-ci auraient toujours le grand avantage de donner plus de facilité pour placer au besoin les foyers les uns au-dessus des autres, et pour loger un plus grand nombre de cheminées dans le même mur.

« S'agit-il, dit encore M. Guyton-Morveau, d'é-
« chauffer l'antichambre, c'est-à-dire, la plus grande
« pièce de la maison, où le feu est communément le
« premier allumé et le dernier éteint : on place un
« gros poêle dans une niche, et l'on ne donne d'issue
« à la fumée que par un tuyau de 4 à 5 pouces de dia-
« mètre; tandis que, dans d'autres pièces moins vastes,
« où l'on ne consomme pas souvent la moitié du bois,
« la fumée est reçue dans un canal de 3 pieds de long
« sur 10 pouces de large, c'est-à-dire, de 14 à 22
« fois plus de capacité. On ne saurait assigner aucun
« motif plausible d'une aussi énorme différence; il faut
« le chercher dans la gêne imposée par les réglemens
« sur les cheminées, et dans la liberté que laisse leur
« silence sur les poêles. »

L'exemple d'un poêle n'est pas concluant; il fortifie seulement les principes établis sur les effets de la dilatation de l'air, et démontre que le degré de ressort qu'il acquiert dans les foyers est en raison de la chaleur qui y est produite. Dans le foyer d'une cheminée, quelque rétréci qu'il soit, le feu est en quelque sorte libre; et son ouverture étant ce qu'il y a de plus étendu, il lui faut un plus grand volume d'air à consommer. Le feu étant concentré dans le foyer d'un poêle, agit de toute sa puissance; la porte est beaucoup plus petite que le foyer; et malgré cela, tel poêle fume quand elle est ouverte, qui ne fume plus quand il n'y a que le registre: on ne peut donc point assimiler le foyer d'un poêle à celui d'une cheminée.

Si les dimensions des tuyaux des anciennes cheminées sont une des causes du refoulement de la fumée dans les appartemens, et que, pour l'éviter, il ait paru nécessaire que la section du plan fût proportionnelle à l'ouverture du foyer, comment se fait-il que l'on établisse des tuyaux circulaires de 8 à 10 pouces de diamètre indistinctement pour toute espèce de cheminées? et pourquoi dans un ancien foyer en adapter un plus petit *A* (*fig.* 64, *pl.* VII), ayant un tuyau *B* de 6 pouces de diamètre, débouchant à quelque distance au-dessus du manteau, dans un tuyau d'écoulement déjà supposé trop grand pour l'ouverture de l'ancien foyer, sans avoir préalablement rétréci le tuyau dans toute sa hauteur? C'est cependant ce qui arrive journellement. L'ouverture du foyer de l'ancienne cheminée de cet exemple a, dans œuvre, 42 pouces sur 36; les dimensions du tuyau, prises à l'endroit où débouche celui du petit foyer, sont de 36 pouces sur 9; le rapport de la section du plan du tuyau à l'ouverture du foyer est de 1 à 4 deux tiers. L'ouverture du petit foyer étant de 24 pouces sur 27, le rapport de la section du tuyau par où s'écoulent les produits de la combustion est de 1 à 2. Ce n'est point parce que la première cheminée faisait éprouver l'inconvénient du refoulement de la fumée, que le petit foyer a été enclavé dans l'ancien; c'est parce que la pièce a changé de destination, et le tuyau se comporte maintenant comme il faisait avant ce changement.

D'après cet exemple très commun, on voit combien il serait illusoire de prétendre poser une règle qui déterminât les dimensions à donner à la section du plan du tuyau par rapport à l'ouverture du foyer, attendu que ces dimensions n'influent pas sur le tirage. Il est avantageux d'avoir de larges tuyaux relativement au foyer et à la pièce.

Troisième méthode.

Tandis que recherchant les différens moyens d'employer les combustibles d'une manière économique, et d'empêcher les appareils de chauffage de répandre de la fumée dans les appartemens, quelques personnes éclairées insistent sur la nécessité de déterminer un rapport pour que la section du plan du tuyau soit proportionnelle à l'ouverture du foyer, afin que le volume des produits qu'il transmet puisse s'écouler sans obstacle dans l'air atmosphérique, raisonnement plus spécieux, je le répète, que facile à mettre en pratique, ne paraîtra-t-il pas surprenant à celui qui observe, qu'on ait inopinément pris le parti contraire, en faisant fabriquer des tuyaux circulaires d'à peu près un égal diamètre, qu'on applique indifféremment à toutes les cheminées?

La section horizontale du tuyau d'une cheminée qui marche bien, est de 3 pieds 8 pouces; l'ouverture du foyer rétréci est de 3 pieds sur 30 pouces; le rapport de l'un à l'autre est de 1 à 3 trois quarts; qu'à ce même foyer on adapte un tuyau de 10 pouces de diamètre, le rapport sera de 1 à 15. Supposons maintenant que, pour une cheminée de cuisine dont le foyer aurait 5 pieds sur 5 pieds 6 pouces, on fasse un tuyau de 10 pouces de diamètre; le rapport de la section du tuyau à l'ouverture du foyer sera, à peu de chose près, de 1 à 50. Mais, puisque le tuyau débite bien la fumée dans le premier cas, comment admettre qu'il puisse y suffire dans le second, et surtout dans le troisième?

Si l'usage des tuyaux circulaires de 8 à 10 pouces de diamètre vient à faire connaître qu'ils ne sont pas propres, dans tous les cas, à débiter convenablement la fumée, qu'on ne peut y faire déboucher celle d'un autre foyer, à combien d'embarras et de dépenses ne sera-t-on pas exposé?

On a déjà fait observer que les tuyaux de ce genre ne peuvent remplir leur destination que pour de petites cheminées, et qu'il ne faut pas qu'ils soient dévoyés : cette dernière circonstance peut présenter de graves difficultés dans une foule de cas où il est nécessaire de placer une cheminée dans un étage supérieur, sur l'axe de la cheminée établie dans un étage inférieur; elle apportait aussi de grands obstacles dans le placement des portes de communication des étages supérieurs.

Quant à l'insuffisance de ces tubes pour livrer un libre passage à la fumée des cheminées moyennes et grandes, elle est aujourd'hui hors de doute. Des praticiens fumistes en ont acquis la conviction. J'ai vu deux cheminées de cuisine qu'on n'est parvenu à empêcher de fumer qu'en remplaçant les tubes parisiens par des tuyaux plus spacieux, et une autre pour laquelle on a été obligé d'adosser un nouveau tube de 12 pouces à celui de 10 pouces.

En Angleterre, on fait les tuyaux de cheminée de la même grandeur pour toute sorte de chambres, dit M. Tredgold, que les foyers soient grands ou petits; quelquefois seulement on les fait plus étendus, lorsqu'il est question de cheminées de cuisine.

Ainsi les Anglais, en cela plus conséquens que nous, ne se trouveront pas dans la nécessité de faire reconstruire les tuyaux des cheminées de cuisine, comme quelques habitans de Paris, qui ont déjà éprouvé tous les inconvéniens d'un système absolu d'uniformité inconsidérément introduit.

Cependant, il serait à désirer, j'en conviens, que les tuyaux de 10 pouces de diamètre fussent susceptibles de faire un bon service pour les chambres en général; on aurait bien plus de facilité à en placer un grand nombre dans un même mur: mais s'ils sont trop étroits pour les foyers de cuisine, n'éprouverait-on pas des entraves fort gênantes, toutes les fois que des arrangemens domestiques forceraient à consacrer une chambre à l'apprêt des alimens?

Il s'est écoulé peu de temps depuis qu'on emploie à Paris les tuyaux en question, et déjà on leur reproche d'être sujets à s'engorger de suie et difficiles à nettoyer, d'offrir enfin des occasions plus multipliées aux accidens du feu.

Le 20 janvier 1828, le feu prit, rue d'Enfer, dans un tuyau en fonte de fer de cette espèce, qui, dit-on, avait été nettoyé trois semaines auparavant. Il y avait peu de temps que la suie brûlait dans le tuyau, lorsque les voliges et les chevrons du toit les plus rapprochés du tuyau s'embrasèrent. La grande conductibilité du fer explique facilement la rapidité de l'invasion du feu.

Dans un appartement situé au-dessus de celui que

j'habitais, on était, de temps à autre, enfumé sans qu'on y eût encore fait du feu. Invité à aller visiter les lieux pour reconnaître la cause de cette incommodité, je vis en effet la fumée, sans pouvoir découvrir la trace de son passage. Les cheminées de cet appartement sont seules dans un mur de refend; la fumée d'une autre ne pouvait donc arriver par l'extérieur: je me doutai enfin qu'elle pouvait provenir d'une des miennes dont le tuyau fait saillie dans l'une des pièces de l'appartement en question, et s'introduire par des interstices invisibles. Je recommandai au fumiste de faire gratter au vif l'enduit intérieur de ce tuyau et de le refaire à neuf. Depuis cette réparation, on n'est plus incommodé par la fumée. Sera-ce dans des tuyaux de 9 à 10 pouces de diamètre qu'on pourra user de ce moyen? pourra-t-on, dans un de ces tuyaux, faire écouler la fumée de deux foyers? pourra-t-on y faire déboucher le tuyau d'un poêle? Admettons-en la réussite; comme il est nécessaire d'adapter un coude à l'extrémité du conduit qui entre dans le tuyau d'écoulement pour faire prendre à la fumée du poêle la direction du courant, ce coude sera un obstacle pour la manœuvre d'une brosse dure ou de tel autre expédient dont on se sert pour nettoyer ces tuyaux, et l'on peut en dire autant des goussets.

Un petit ramoneur ne peut s'introduire dans des conduits aussi étroits; il faudra donc envoyer sur le toit chaque fois qu'il sera nécessaire de les nettoyer, et cette nécessité se reproduira souvent. Or, il est des toits qui sont difficilement praticables en toute saison, et la plupart ne le sont pas du tout par un temps de gelée ou de verglas. Ensuite, si le sommet de ces tuyaux est surmonté de mitres ou autres appareils qui en rétrécissent l'ouverture, comment procédera-t-on au ramonage, à moins qu'on ne se résigne à en opérer indéfiniment la dépose et la repose. Ces inconvéniens sont réels : il est du devoir d'un homme qui s'occupe, sinon avec fruit, du moins avec zèle, d'utilité publique, de les signaler aux propriétaires et de les soumettre à l'attention des constructeurs de bâtimens.

Je sais bien que, pour nettoyer ces tuyaux, on a imaginé de pratiquer dans les mansardes des trapes par lesquelles on introduit une forte brosse attachée à un manche flexible de fil de fer tordu, ce qui dispense de monter sur les toits. Mais je ferai observer que ce moyen, convenable peut-être pour dégorger des tuyaux neufs, se trouvera vraisemblablement insuffisant lorsqu'il s'agira de détacher la croûte de suie calcinée qui, par succession de temps, tapissera les parois de ces tuyaux, et qui pourra même finir par les obstruer en partie.

Conclusion.

Nous pouvons conclure de cette discussion qu'il n'y a jamais d'inconvénient à avoir de grands tuyaux.

Celui dans lequel, par exemple, la faiblesse du tirage donnerait lieu à un courant descendant, permettra de remédier facilement à ce vice en le faisant rétrécir. Au reste, parmi les tuyaux de la troisième méthode, il en est de tels qu'il faut en restreindre l'usage à des cas particuliers. Cet objet intéresse assez la société pour qu'il mérite de devenir le texte de réglemens qui soient en harmonie avec la grandeur des pièces actuelles de nos habitations, et qui ménagent les moyens de porter des secours efficaces contre les accidens du feu.

Ce n'est pas la forme circulaire que je blâme; elle vaut peut-être mieux qu'une autre: mais dans un mur de 18 pouces d'épaisseur totale, il est impossible d'enclaver un tuyau de cette espèce ayant plus de 8 ou 9 pouces de diamètre; or, je n'admets point de tuyau dans lequel un ramoneur ne puisse pas monter.

Le nombre des cheminées nécessaires à nos usages, et le soin qu'on met à multiplier le moins possible les murs de refend dans nos maisons, à l'effet d'économiser le terrain et de faire des bâtimens légers à l'œil, ne laissent pas d'occasionner des difficultés de construction, soit pour les garantir du danger de l'incendie, soit pour parvenir à établir solidement les principales pièces des planchers, particulièrement dans les étages supérieurs. Nul doute qu'au moyen de petits tuyaux de cheminée, il ne soit plus facile de surmonter ces difficultés : mais ne vaudrait-il pas mieux construire des murs de refend assez épais pour y loger l'un contre l'autre deux tuyaux dont les dimensions soient réduites, pour les petites cheminées, de manière à livrer seulement passage au ramoneur? Les idées de construction légère, qui sont de mode à Paris, et qui ne se maintiennent qu'à l'aide de la bonne qualité du plâtre et de la quantité de fer qu'on emploie à chaque étage, pourront faire trouver étrange celle que je hasarde ici. Il n'en est pas moins vrai qu'on pourrait avoir le double de tuyaux dans un même mur de deux pieds d'épaisseur, en faisant des languettes de face en briques de champ. On aurait en outre, de cette manière, des soutiens plus solides pour porter les planchers, et l'on obvierait à tous les inconvéniens signalés dans le cours de cette discussion.

Pour concilier autant qu'il est possible les différentes opinions, et déterminer le moyen de pouvoir placer un plus grand nombre de tuyaux dans un même mur qu'on ne le pouvait faire autrefois en se conformant aux réglemens, il serait à désirer qu'on apportât une sorte d'uniformité relative dans les dimensions des tuyaux; et que, tenant compte, jusqu'à un certain point, de l'assertion spécieuse de ceux qui prétendent que la section du plan du tuyau doit être en rapport avec l'ouverture, la capacité du foyer, on pût en former une série sous la dénomination des pièces, sans néanmoins s'astreindre à une précision mathématique. Cette méthode n'entraînerait aucun embarras dans l'application : en effet, chaque pièce, sur le plan, ayant sa destination particulière, il serait aisé de fixer les dimensions du tuyau de chacune des cheminées, et il en résulterait, 1° que l'ouverture de ce tuyau serait dans un certain rapport avec la capacité de la pièce; 2° que les foyers se faisant plus grands à mesure que les dimensions des pièces augmentent, il y aurait aussi un certain rapport entre l'ouverture du tuyau et la capacité du foyer. Admettons, par exemple, la série suivante:

			Superficies moyennes.
Cabinets.	14 à 18° de long.	sur 8 à 10 pouces de large chacun.	144
Antichambres. .	16 à 20		162
Chambres. . . .	18 à 22		180
Salles et salons.	20 à 24		198
Cuisines.	24 à 30		243

Ou bien encore on pourrait opérer sur les superficies des pièces, en prenant pour limites à peu près les deux extrêmes du précédent tableau, de cette sorte :

	Section du tuyau.
Pièce de 100 à 120 pieds de superf.	120 pouc. carrés.
120 à 140.	140
140 à 160.	160
160 à 180.	180
180 à 200.	200
200 à 250.	240
250 à 300.	260

Ce serait au moins faciliter les moyens pratiques mis en usage pour combattre les causes du refoulement de la fumée. 1° Au premier abord, on connaîtrait quelle est la ressource qu'offre le tuyau de chaque cheminée, pour y faire déboucher, soit la fumée d'un autre foyer, soit celle d'un poêle, etc. 2° La première inspection d'une pièce, et de la manière dont se comporte la combustion, ferait juger si le foyer est en proportion, soit avec la pièce, soit avec le tuyau, etc. 3° Si l'on avait des règles fixes à ce sujet, on pourrait faire fabriquer des mitres en conséquence; car on peut aussi regarder comme probable que l'ouverture supérieure d'une mitre doit être en rapport avec la section horizontale du tuyau; ce qui n'a pas lieu maintenant à Paris, où l'on connaît seulement deux numéros de mitres que l'on applique à toutes les cheminées. Certes, avec des moyens semblables, on simplifierait la pratique de l'art du fumiste. La recherche de formules fixes, sur cette matière, conduirait vraisemblablement à trouver quelle doit être la proportion d'un foyer ayant un tuyau de telle ou telle dimension, par rapport au cube de la pièce. Si, à l'aide d'observations et d'expériences, on pouvait atteindre ce but, bientôt le praticien en saisirait au premier coup d'œil les conséquences.

NOTIONS SUPPLÉMENTAIRES[1].

Détermination du *minimum* du diamètre d'une cheminée.

La détermination du *minimum* du diamètre d'une cheminée, lorsque l'on connaît sa hauteur et la quantité de combustible qui doit être consommée dans un temps donné, est d'une très grande importance; mais dans l'état actuel de l'analyse, on ne peut pas arriver à un résultat rigoureusement exact, même en admettant que les formules que nous avons données soient elles-mêmes parfaitement exactes: cependant, on peut toujours atteindre une approximation suffisante pour la pratique; nous donnerons pour cela différentes méthodes, en commençant par la plus simple[1].

Ceux qui seront curieux de comparer ces méthodes avec les procédés mis jusqu'à ce jour en usage, peuvent consulter l'ouvrage lui-même; je me bornerai à extraire les articles propres à jeter quelque lumière sur l'objet en discussion ici.

Dispositions les plus favorables pour augmenter le tirage des cheminées.

Le *minimum* de diamètre que nous venons d'apprendre à déterminer serait suffisant; mais il est toujours avantageux de donner aux cheminées un plus grand diamètre, sauf à les rétrécir par le bas et même

(1) *Traité de la Chaleur*. M. Péclet.

par le haut; car, pour la même température et la même hauteur, le tirage est plus grand.

Forme de la section des cheminées.

Toutes mes expériences ont été faites sur des cheminées cylindriques, et tous les calculs qui précèdent ne sont applicables qu'à des cheminées de cette forme. Cependant on peut les construire de manière à donner toute autre disposition à la section intérieure; mais toutes les autres formes sont moins favorables, parce que la forme circulaire étant celle qui, sous la même surface, renferme le plus de volume, il en résulte: 1° que le frottement est plus petit, puisqu'il est proportionnel à l'étendue de la surface; 2° que la dépense est plus petite, parceque, dans la construction d'une cheminée, c'est la surface seule qui coûte. Ainsi, parmi toutes les formes possibles, les cheminées à section circulaire sont préférables à toutes les autres.

En général, parmi toutes les formes de section possibles, celle qui s'approchera le plus du cercle sera toujours la plus avantageuse; parmi toutes les formes polygonales qui ont un même nombre de côtés, celles qui sont régulières, c'est-à-dire dont les côtés et les angles sont tous égaux entre eux, sont préférables.

Les sections qui n'ont qu'un petit nombre de côtés, ou qui sont alongées, ont d'ailleurs le grand inconvénient, pour les faibles tirages, de laisser facilement établir de doubles courans.

Cheminées des habitations.

Lorsqu'une cheminée est très large et rétrécie seulement par le bas, les circonstances sont favorables pour avoir un grand tirage, de même que quand elle l'est seulement par le sommet, et, dans ce dernier cas, elle est moins sujette à fumer. Mais il n'en est pas des cheminées d'appartemens comme des cheminées d'usines : un grand tirage n'est point nécessaire ; au contraire, il est souvent nuisible, en produisant une trop grande ventilation dans l'appartement et en activant la consommation du combustible.

Quand on compare les dimensions des tuyaux de poêle avec des canons de cheminée, et qu'on observe que, dans les gros poêles, on brûle souvent plus de combustible que dans les cheminées, on est étonné qu'on ait laissé si long-temps entre eux une si grande disproportion. A la vérité, pour une même quantité de combustible à brûler dans le même temps, les tuyaux de cheminée doivent être plus grands que ceux de poêle, parce que, vu la disposition des foyers, les cheminées appellent un grand volume d'air qui n'alimente pas la combustion; mais, en ayant égard à cette circonstance, la disproportion est énorme. L'habitude prise de faire ramoner les cheminées par des enfans qui les parcourent dans toute leur longueur, est probablement la cause qui leur a fait conserver des dimensions aussi inutiles; mais comme on peut facilement employer des moyens plus simples pour ramoner les cheminées, il est très avantageux, comme nous l'expliquerons plus bas, de ne leur donner que les dimensions seulement suffisantes au dégagement de la fumée et à la ventilation. La forme circulaire est toujours préférable à toutes les autres formes, parce que la résistance étant uniforme sur toute la surface intérieure, les doubles courans s'y établissent beaucoup moins facilement que dans les tuyaux carrés, et surtout dans ceux dont la largeur dépasse de beaucoup la profondeur, parce que les résistances étant plus grandes dans les angles, les courans descendans ont une plus grande facilité à se former. On a reconnu, par expérience, que, pour une cheminée d'appartement, un tuyau circulaire de 15 à 20 centimètres (5 pouces 6 lignes à 7 pouces 4 lignes) de diamètre, ou de toute autre forme, ayant trois décimètres de surface, était presque toujours suffisant.

Les tuyaux de fonte employés pour les conduits de fumée ont aussi de grands inconvéniens, quand ils sont engagés dans la maçonnerie, à cause des dilatations et des contractions qui résultent des changemens de température. On ne peut les employer utilement que dans les cheminées qui sont isolées ou adossées contre des murs extérieurs.

La meilleure de toutes les constructions est celle qui se fait en briques, et la meilleure manière de les disposer est celle qu'a imaginée M. Gourlier; elle fut d'abord employée à la Bourse, et l'est maintenant dans la plupart des constructions. Les briques ont la forme indiquée (*fig.* 65); quatre forment la circonférence complète; elles sont de deux formes différentes, afin que les joints puissent se couvrir: le canal est placé dans l'épaisseur même des murs et n'en compromet nullement la solidité. Les figures 66 et 67 présentent des tuyaux doubles ou quadruples construits d'après le même principe. Ces canaux ont de 9 à 10 pouces de diamètre intérieur. Ces dimensions suffisent dans tous les cas, et pour les foyers, et pour la ventilation des appartemens.

Dans les poêles, il y a toujours un grand excès de tirage, provenant de ce que, le plus souvent, le tuyau de fumée se rend dans une cheminée beaucoup plus large.

Il ne faut pas espérer ici de calculer les dimensions des tuyaux de cheminée comme ceux des fourneaux ou des poêles, parce que la quantité d'air qui, dans les foyers de cheminée, échappe à la combustion, varie non-seulement suivant la disposition de la cheminée, mais encore suivant la nature, la quantité, l'arrangement du combustible, et suivant l'époque de la combustion; ainsi, il faut s'en rapporter complètement à la pratique. On a reconnu qu'une ouverture circulaire de 20 à 25 centimètres de diamètre, était presque toujours suffisante; ainsi, il est rare qu'il soit avantageux de dépasser cette limite, et encore il sera toujours convenable d'y appliquer un registre, afin de rétrécir cette ouverture quand cela est nécessaire.

Il n'y a cependant aucun inconvénient à avoir de larges cheminées, pourvu qu'on les rétrécisse suffisamment par les deux extrémités; cependant, si le diamètre était d'une grandeur excessive, il pourrait y avoir un grand refroidissement de l'air par les parois, et par conséquent une grande diminution de dépense; et même il pourrait arriver que le mouvement de l'air n'eût pas lieu dans toute la section: alors la dépense d'air diminuerait considérablement.

Voir le supplément à la fin du chapitre VII.

CHAPITRE XI ET DERNIER.

MÉLANGE DE DOCUMENS APPLICABLES A DIVERSES PARTIES DE L'ART DE CHAUFFER, ET QUI INTÉRESSENT LES PERSONNES QUI PAR ÉTAT DIRIGENT LES CONSTRUCTIONS, ET LES PROPRIÉTAIRES QUI FONT BATIR.

Ce serait laisser une lacune parmi les matériaux que je rassemble ici pour servir en quelque sorte d'introduction aux divers traités que je me propose de livrer successivement au public, si je ne terminais pas ce travail préparatoire par un exposé sommaire des lois et des ordonnances de police, en ce qu'elles ont de relatif aux appareils de chauffage, à la responsabilité et à la garantie des entrepreneurs de constructions de cette nature.

SECTION PREMIÈRE.

De l'usage du mur de séparation de deux héritages joignant sans moyen; responsabilité.

Le Code civil, qui, dans son article 662, défend à un propriétaire de pratiquer dans le mur mitoyen aucun enfoncement sans le consentement du voisin, reproduit, en la généralisant, une disposition de l'ancienne coutume de Paris. Par conséquent, nul n'a le droit de pratiquer des cheminées dans l'épaisseur d'un mur de ce genre, sans l'aveu du co-intéressé.

Celui qui est propriétaire de la totalité du mur de séparation et du terrain sur lequel le mur est construit, peut-il y enclaver ses cheminées? Il n'est pas douteux qu'il est maître de faire de sa chose ce que bon lui semble; mais ce mur, dans l'hypothèse où il touche sans moyen à l'héritage du voisin, peut, d'après l'article 661 du Code civil, devenir propriété commune, dès que ce dernier voudra en payer la moitié. Alors il acquiert le droit d'exiger que les cheminées soient retirées hors de l'épaisseur du mur; ce droit du moins est incontestable dans les pays où la coutume s'oppose à cet enclavement. En effet, le propriétaire qui bâtit sait bien qu'un mur qui sépare immédiatement son héritage de celui du voisin, est susceptible de devenir mitoyen; c'est donc à ses risques et périls qu'il néglige de prévoir l'exercice possible de ce droit éventuel.

Quand le mur appartient exclusivement au voisin, il est évident qu'on ne peut pas y appuyer des cheminées sans avoir acquis la mitoyenneté au moins de la portion du mur qu'elles touchent, attendu qu'il faut pratiquer dans celui-ci des arrachemens, faire des scellemens pour lier et maintenir la maçonnerie, travaux qu'on ne saurait être autorisé à faire sur la propriété d'autrui sans son assentiment formel.

Ajoutons que le feu qui prend dans une cheminée se communique bien moins, quand le mur a conservé toute son épaisseur. Ce motif, fondé sur l'intérêt de la sûreté publique, devrait seul faire proscrire le système d'encastrement des cheminées.

Il n'est pas permis, dit Desgodets, de renfoncer des tuyaux de cheminée dans les murs mitoyens, ni d'y faire aucun autre enfoncement, ni d'en altérer l'épaisseur en quelque manière et pour quelque cause que ce soit, tant en bâtissant le mur, qu'après la construction; et celui qui aurait enfoncé des tuyaux de cheminée, ou fait quelque autre enfoncement dans le mur à lui seul appartenant, séparant sans moyen son héritage de l'héritage de son voisin, serait obligé de les ôter, et de refaire le mur en cet endroit, lorsque, par la suite du temps, le voisin voudrait se rendre ce mur mitoyen; mais il le peut faire avec le consentement du voisin, ou avec titres, la loi ne défendant ces encastremens que pour la conservation du droit des voisins.

Dans les lieux où ces enfoncemens de tuyaux étaient autrefois en usage, les coutumes autorisaient à les faire sans qu'il fût besoin du consentement des voisins.

On ne pourrait contraindre un voisin à retirer ses tuyaux de cheminée encastrés dans un mur mitoyen, dans le cas où plusieurs maisons auraient appartenu à une même famille, et qu'il en aurait été fait partage entre cohéritiers. Lorsque ces maisons appartenaient au même propriétaire, il pouvait y faire ce que bon lui semblait: aucun des murs qui les séparaient n'était réputé mitoyen; ils ne le sont devenus que par le partage: dès lors, s'il se trouvait dans ces murs des tuyaux de cheminée encastrés, l'héritier voisin ne pourrait contraindre son cohéritier à les retirer; mais il faudrait qu'il en fût fait mention dans le partage, sans quoi on n'y aurait aucun égard.

On ne pourrait même, dans le cas d'une reconstruction, exiger de cet héritier qu'il retirât ses tuyaux de cheminée hors du mur mitoyen, s'il ne le voulait; autrement, ce serait détruire l'égalité du partage, en lui faisant perdre un avantage qui en découlait. En effet, il est certain qu'une chambre est bien plus belle et plus grande, lorsqu'il n'y a point de tuyau en saillie.

Lorsqu'on adosse un fourneau potager ou un réchand de cuisine ou d'office à un mur mitoyen, il n'est pas nécessaire d'y faire un contre-mur; mais si le fourneau est appliqué contre une cloison ou un pan de bois de charpente, on doit y faire un contre-mur de 6 pouces d'épaisseur, de la hauteur du potager, au droit des arcades qui reçoivent la cendre qui tombe des réchauds, parce que cette cendre pourrait échauffer et embraser les bois. Il est nécessaire aussi que les cloisons ou pans de bois soient masqués par un enduit de l'épaisseur ordinaire des recouvremens, jusqu'à environ deux pieds de hauteur au-dessus du carreau du potager.

Il est encore plus prudent de ne pas s'en tenir, dans ce cas, à un simple enduit. L'intensité du feu de charbon qui réfléchit sa chaleur au-dessus du fourneau, est plus à craindre que la cendre ardente qui tombe, dont le feu est bien moins expansif. En conséquence, l'usage généralement reçu aujourd'hui est de garnir la cloison, au-dessus du fourneau, d'un rang de briques posées à plat, sur une surface de deux pieds en hauteur.

Responsabilité. Tout entrepreneur chargé de faire construire des cheminées ou autres appareils de chauffage, est responsable de l'observation de la loi et des réglemens propres à la matière. Quand un propriétaire commande des ouvrages à quelqu'un, architecte ou entrepreneur, il suppose toujours qu'ils seront exécutés suivant les règles du métier et les ordonnances de police; car les unes et les autres doivent leur être familières. Les hommes de l'art, de leur côté, en se chargeant d'une construction, contractent nécessairement l'obligation tacite de ne point enfreindre ces mêmes prescriptions; ils prennent donc sur eux les suites de leur négligence ou de leur ignorance à cet égard; toute faute de cette nature est du nombre de celles dont ils répondent plus ou moins long-temps.

Tout entrepreneur quelconque de constructions ne

saurait donc apporter trop d'attention et de surveillance sur ce point délicat. C'est l'œil du maître surtout qui doit être constamment ouvert ; car on sait qu'en tous lieux les ouvriers sont en cela d'une insouciance d'autant plus condamnable, qu'elle compromet l'intérêt de leurs chefs et souvent la sécurité publique.

SECTION II.

Lois et réglemens qui régissent la matière à l'égard de la sûreté publique.

Celui qui veut construire cheminée ou âtre, four ou fourneau, près d'un mur mitoyen ou non, est obligé de laisser la distance prescrite par les réglemens et usages particuliers sur ces objets, ou de faire les ouvrages prescrits par les mêmes réglemens et usages, pour éviter de nuire au voisin (art. 674 du Code civil).

Ainsi, en déterminant une distance et des ouvrages intermédiaires pour ce genre de constructions, le Code civil, comme on voit, ordonne de suivre sur cette matière les réglemens et les usages locaux, auxquels il n'apporte aucun changement. On conçoit, en effet, que dans certains pays, les précautions que l'on est obligé de prendre pour la construction des foyers des différens appareils ne soient pas les mêmes que celles qui sont prescrites ailleurs. Dans les lieux où il n'a rien été réglé à ce sujet par la coutume, on ne saurait mieux faire que de suivre celle de Paris. Tous les cas y sont prévus et discutés dans l'intérêt commun des voisins. Il est même évident que l'esprit du Code civil a été de généraliser les dispositions de cette coutume sur la matière en question.

Un réglement de police du 21 janvier 1762 détermine les mesures de sûreté et les précautions à prendre pour l'établissement des cheminées. Ce réglement, qui a été renouvelé en 1781 et en 1808, est recommandable par la sagesse de ses vues; et quoiqu'il n'ait été fait que pour Paris, il serait à désirer que les architectes et les entrepreneurs des départemens s'y conformassent.

Un article de ce réglement défend d'adosser des cheminées à des cloisons ou à des pans de bois, même en usant de la précaution d'un contre-mur. Faut-il conclure de là qu'on doit renoncer à placer des cheminées du côté où se trouve une cloison ou un pan de bois non mitoyen ni susceptible de le devenir? Ce serait une gêne considérable dans la distribution des appartemens. Voici donc ce qui se pratique pour éviter tous les accidens que le réglement de police a voulu prévenir: on coupe le pan de bois dans toute sa hauteur, et dans une largeur qui, à droite et à gauche, excède de 6 pouces au moins celle tant du chambranle hors œuvre que du tuyau, et, dans ce vide, on construit la cheminée, soit en moellons, soit en briques.

Lois des bâtimens. On est tenu de faire un contre-mur entre une forge, un four ou un fourneau, et le mur de séparation, mitoyen ou non. L'épaisseur de ce contre-mur doit être d'un pied. En second lieu, entre celui-ci et le mur près duquel se fait la construction, il faut observer un intervalle vide, qu'on nomme le *tour du chat*, et qui doit être de 6 pouces. Enfin, le contre-mur doit s'étendre dans toute la largeur et la hauteur de la forge, du four ou du fourneau, et l'espace vide ou tour du chat n'être fermé ni par les côtés ni par le haut, afin que l'air, passant librement, garantisse le mur des atteintes de la chaleur.

Atres. Un autre article du réglement cité, et dont l'exécution est d'un haute importance, défend de poser l'âtre d'une cheminée au-dessus d'une pièce de bois faisant partie du plancher, quelque épaisse que fût l'assise de maçonnerie dont cette pièce de bois serait préalablement recouverte. Il est indispensable, en ce cas, de faire à la charpente du plancher, au-dessous de l'âtre, une enchevêtrure un peu plus grande que le hors-œuvre du chambranle; il en résulte un espace entièrement à jour que l'on remplit de maçonnerie supportée par des barres de fer. C'est sur cet espace ainsi disposé, et qui se nomme *trémie*, qu'on établit ensuite l'âtre et le foyer.

Atres relevés. Les changemens assez fréquens qui ont lieu dans la distribution de nos maisons, pour satisfaire à la diversité de goûts, obligent bien souvent à faire des cheminées où il n'y en avait point. Afin d'éviter les dégradations et les frais qu'entraînerait la construction d'une trémie pour l'établissement de l'âtre, on a imaginé ce qu'on appelle *foyers à âtres relevés*, et l'usage en a été adopté pour les cheminées que l'on fait après coup. On commence par mettre à découvert les pièces de la charpente du plancher dans toute l'étendue que doit avoir l'âtre ; dans cet espace, on fait un lit convenable pour recevoir le carrelage, qui achève de remplir le vide en affleurant le plancher. Sur ce carrelage, on dresse sans rétrécissement la base des jambages ; et l'aire du foyer se fait avec une forte plaque de fer fondu, élevée d'environ deux pouces. On a l'attention de pratiquer dans la base de chaque jambage, en avant, une petite ouverture qui permette à l'air de la pièce de circuler entre la plaque et le carrelage. Ces dispositions faites, on construit le foyer comme à l'ordinaire.

Les âtres relevés, bien construits, sont sans danger ; la police les tolère : il serait à désirer néanmoins qu'il y eût des réglemens positifs à l'effet d'en empêcher la destruction. Une maison venant à changer de propriétaire, il peut arriver que le nouvel occupant ignore dans quel but d'utilité un âtre se trouve ainsi exhaussé, et prenne la résolution de faire disparaître un agencement qui choque son goût : assez d'ouvriers, n'envisageant que le bénéfice qui leur reviendra du changement à faire, s'empresseront de se prêter à sa fantaisie, sans lui révéler les suites funestes qu'elle peut entraîner. En effet, l'âtre ainsi simplifié rentre dans la catégorie de ceux que la loi proscrit avec tant de raison.

Contre-cœurs. La coutume de Paris, art. 189, ne permet pas de se servir à nu, pour le fond d'une cheminée, d'un mur de séparation, mitoyen ou non. Il faut qu'un contre-cœur garantisse celui-ci. Le contre-cœur est une maçonnerie de 6 pouces d'épaisseur, appliquée dans toute la largeur du foyer jusqu'à la hauteur du manteau.

Cette disposition devient superflue, et l'on satisfait suffisamment aux exigences de la coutume, toutes les fois qu'on emploie des contre-cœurs ou plaques de fer fondu, fixées sur un enduit en terre argileuse. Ce moyen de préservation est peut-être même préférable à l'autre.

Tuyaux d'écoulement. Un autre article de la même coutume défend de faire passer aucune pièce de bois dans des tuyaux de cheminée, même en recouvrant ces bois d'une couche épaisse de maçonnerie. S'il arrive qu'un tuyau de cheminée passe près d'une pièce de bois, cette pièce, quoique se trouvant hors du tuyau, doit en être éloignée de quelques pouces. Cet isolement est conseillé par une sage prévoyance, et offre une salutaire garantie contre les accidens du feu.

Les précautions ordonnées par les réglemens de

police pour éviter les incendies, étaient plus faciles à observer autrefois, que l'on faisait des pièces plus grandes et moins de cheminées. Aujourd'hui que généralement on a de petites pièces et des cheminées dans presque toutes, il faut quelque habileté pour faire parvenir des tuyaux aux étages supérieurs en les isolant des bois de charpente. C'est à ce changement dans les habitudes qu'on peut attribuer l'usage d'encastrer les tuyaux dans les murs, de les dévoyer, soit pour placer les foyers les uns au-dessus des autres dans les différens étages, sans poser les tuyaux l'un au-devant de l'autre, comme anciennement, soit pour éviter la rencontre des bois de charpente. L'emploi du fer est toujours nécessaire pour établir les âtres, et fort souvent pour soutenir les pannes, faîtages et autres pièces des combles ou des planchers passant au devant des tuyaux, afin de les isoler; mais le fer, étant bon conducteur du calorique, est susceptible de communiquer promptement le feu; il faut donc, dans les derniers cas, disposer les constructions de manière à n'être point obligé d'avoir recours à cet agent. C'est probablement pour trancher la difficulté qu'on a adopté, dans Paris, la méthode des petits tuyaux dans lesquels un ramoneur ne peut monter.

Considérations sur la construction des tuyaux.

Autant qu'il est possible, on ne doit point construire les tuyaux d'écoulement avec de la pierre calcaire. En effet, si un feu de cheminée venait à se manifester avec quelque violence, la pierre de cette nature, qui se calcine aisément, perdrait sa consistance, se crevasserait, et, livrant ainsi passage à la flamme, pourrait rendre dès lors inévitable la communication de l'incendie au bâtiment lui-même.

Mais un genre de construction contre lequel on ne saurait trop s'élever, est celui qui consiste à faire des tuyaux en plâtre pigeonné, simplement appliqués et faits après coup contre un mur mitoyen ou non. Les tuyaux en briques faits après coup, sans liaison dans les murs, ne me paraissent pas non plus mériter le moindre crédit. Il est évident que ces constructions, ne pouvant suivre le travail du tassement de la maçonnerie du mur, s'en détachent à la longue par l'effet de la dessiccation des mortiers, de la dilatation de l'air dans les tuyaux, de l'action de la fumée, enfin par d'autres causes. Il n'est personne du métier qui, en faisant démolir ou restaurer d'anciens bâtimens, n'ait eu occasion de remarquer des traces non équivoques du passage de la fumée derrière des lambris ou des papiers de tenture : plusieurs fois j'ai fait passer une latte entre le mur et les languettes de côté de tuyaux construits de la manière en question. C'est à cela qu'il faut en général imputer le désagrément d'être infecté par la fumée dans une pièce où il n'y a pas de feu. Mais, se demande-t-on, comment se fait-il que la flamme ne passe point par ces mêmes ouvertures qui donnent issue à la fumée? D'abord, le plus souvent la flamme ne monte pas assez haut; et quand elle le ferait, son degré de ressort et la force du courant d'air qui alimente la combustion, l'entraînent et l'empêchent de dévier. La fumée, au contraire, ayant moins de force de ressort, s'étend plus librement dans tous les sens, et pénètre ainsi facilement au travers de fentes imperceptibles à l'œil. Cependant, que le tuyau soit engorgé de suie et que le feu vienne à y prendre, tous ces interstices deviennent autant de passages par où l'incendie peut se propager. Il serait donc à désirer que les languettes de côté de tout tuyau adossé contre un mur mitoyen ou non, fussent encastrées à une certaine profondeur dans le mur; enfin, que tous les tuyaux fussent construits en même temps que le mur, sans avoir égard aux objections qu'on tire de la difficulté qu'il y aurait alors à les dévoyer : elle n'est point insurmontable. Mais l'intervention de la police administrative serait indispensable pour assurer l'exécution d'une pareille mesure et vaincre les résistances d'une routine aveugle et insouciante.

Depuis la rédaction de ces observations, j'ai eu occasion de faire démolir le tuyau d'une cheminée dans la hauteur d'un étage; les languettes étaient en plâtre pigeonné, et le tuyau, appliqué contre un mur en platras, était dévoyé sur la droite; la partie rampante, qui commençait à trois pieds de distance du plafond, était rachetée à l'extérieur par une languette verticale en même matière, et l'espace compris entre la languette verticale et la languette rampante formait ce qu'en termes d'ouvrier on nomme un coffre. La languette rampante s'étant détachée du mur sans qu'aucun mouvement des constructions fût apparent, la fumée pénétrait depuis long-temps dans le coffre, où le hourdage du plafond et les bois de charpente visibles étaient desséchés, noircis par la fumée, et les plâtres calcinés. Je ne sais si, avec le temps, le feu seul du foyer aurait pu enflammer les bois; mais je suis convaincu qu'un peu de suie fixée dans le tuyau à l'endroit ou au niveau des crevasses de la languette inclinée et qui serait venue à prendre feu, aurait à coup sûr occasionné une conflagration subite.

Dangers de l'emploi du plâtre pour la construction des tuyaux de cheminée[1].

Le plâtre est peut-être, de tous les matériaux qu'on peut employer pour la construction des cheminées, celui qui présente les plus graves inconvéniens, d'autant plus qu'on ne lui donne qu'une très petite épaisseur, et que l'on en approche imprudemment les poutres; car le plâtre est attaqué par l'eau qu'entraîne la fumée et qui tombe de l'atmosphère, la chaleur lui fait éprouver un commencement de calcination qui détruit insensiblement l'adhérence de ses parties, et

(1) *Traité de la chaleur*. M. Péclet.

l'inégalité de température occasionne souvent des fentes par lesquelles la fumée peut se dégager.

On a été conduit à employer le plâtre dans la construction des cheminées, non-seulement parce que leur établissement coûtait moins qu'avec des briques, mais encore parce que le dévoiement des cheminées s'exécutait beaucoup plus facilement et sans employer d'armatures en fer.

L'emploi du plâtre doit être proscrit dans la construction des cheminées; du moins il ne doit être employé que pour lier entre eux des matériaux plus résistans.

Garantie.

Ceux qui entreprennent la construction de cheminées ou d'autres appareils de chauffage, sont responsables pendant dix ans des accidens qui peuvent arriver par défaut de solidité; c'est une conséquence de la garantie imposée par l'article 2270 du Code civil pour la durée des grandes constructions en général. Mais l'incendie qui serait reconnu avoir pour cause une construction faite sans les précautions ordonnées par la loi et les réglemens, leur serait imputé comme quasi-délit, et en entraînerait pour eux toutes les conséquences.

Néanmoins, les entrepreneurs de maçonnerie ne sont plus garans, après dix ans écoulés, des incendies qui arriveraient par la mauvaise construction de leurs ouvrages, si les vices ne s'en manifestaient que par l'effet du temps. Par exemple, si, après le terme assigné à la responsabilité légale, un mur venait à se crevasser, si un tuyau de cheminée ou une charge de maçonnerie de 6 pouces sur des bois venait à tomber, et qu'il en résultât un incendie, il n'y aurait plus lieu d'attaquer en dommages-intérêts le constructeur. Mais si un maçon avait construit ou fait construire un foyer avec âtre au-dessus de quelques bois ou solives; s'il avait adossé immédiatement un tuyau de cheminée contre un pan de bois; s'il avait laissé passer quelque bois dans l'intérieur d'un tuyau d'écoulement ou enfin commis quelque autre faute de cette nature, le temps ne le déchargerait point de la garantie de l'incendie, y eût-il trente ans que ces ouvrages fussent faits, parce que le sujet du désastre existait dès l'instant de leur construction.

SECTION III.

Causes d'incendies et moyens de construction propres à les prévenir.

Des différens modes d'employer le calorique pour le chauffage, celui qui a lieu par rayonnement offre le plus de danger pour les accidens du feu, soit parce que le foyer est ouvert, soit par suite de vices de construction, soit enfin parce que c'est l'appareil dans lequel la suie s'engendre le plus abondamment. Cette dernière cause est due à ce que généralement on brûle du bois dans les foyers de ce genre ; que le feu y étant peu concentré, les produits de la combustion n'y brûlent pas complètement, et que les tuyaux d'écoulement ayant plus de capacité que ceux des autres appareils, la flamme s'y refroidit plus promptement, se condense et produit plus de matière fuligineuse.

Si les cheminées sont mal construites, il peut se former, dans le tuyau, des crevasses par où le feu se communiquera aux autres parties du bâtiment et en entraînera la ruine : d'ailleurs il s'établit, par ces crevasses, des courans d'air qui, donnant au feu une grande activité, ne permettent plus qu'on puisse le maîtriser.

Après les vices de construction signalés, l'accumulation de la suie dans les tuyaux est une des causes des feux de cheminée. La suie est une matière noire, très abondante en huile et en acide acétique (pyroligneux), par conséquent espèce de savon acide qui est le résultat de la combustion du bois, et qui se forme dans les tuyaux, où elle s'attache. Les combustibles autres que le bois donnent une poussière fine très subtile, plutôt que de la suie proprement dite.

Comme susceptible de s'enflammer avec facilité, la suie est fréquemment une des causes des incendies dans les maisons dont les cheminées ne sont pas construites avec la solidité convenable, et dans celles où, par ignorance de la bonne construction ou l'inobservance des réglemens de police, les ouvriers ont engagé des bois de charpente.

Les feux de cheminée ne sont pas dangereux par eux-mêmes : cependant il est nécessaire d'y porter un prompt secours, afin de prévenir les désastres qui pourraient en être la conséquence. Ce que j'en rapporterai suffira pour indiquer les précautions à prendre à l'égard des autres appareils.

Les propriétaires et les locataires mettent ordinairement trop de négligence à faire nettoyer leurs cheminées. C'est réellement compromettre d'une manière grave ses propres intérêts, que de ne pas recourir à cette précaution salutaire au moins deux fois l'an pour les cheminées de cuisine, et une fois pour les autres où l'on ne fait pas continuellement du feu.

La police des cheminées intéresse singulièrement la sûreté publique. De leur malfaçon peuvent résulter des incendies d'autant plus dangereux, qu'ils ont souvent leur foyer dans des lieux inaccessibles aux premiers secours, et près de matières combustibles, comme sont les divers objets que contiennent ordinairement les greniers.

De là, la nécessité des réglemens, et l'obligation de les faire exécuter par les constructeurs de maisons; réglemens auxquels on n'aurait pas besoin d'avoir recours, si, dans ce qu'ils font, les hommes, en général, consultaient, je ne dirai pas plus, mais seulement autant, l'intérêt public que le leur propre.

Divers réglemens pour la police des villes, et notamment celui de 1774, qui ordonnent aux officiers municipaux de veiller à ce que les cheminées soient ramonées, savoir, celles des particuliers au moins une fois l'an, celles des gens de métier tous les trois mois, devraient être mis partout en vigueur; car l'un des soins les plus efficaces pour prévenir les incendies que peuvent causer les feux de cheminée, est attaché à leur exécution.

L'ordonnance de police du 12 janvier 1712 et celle du 12 février 1735, enjoignent à tous les propriétaires, locataires, sous-locataires de maisons, de faire exactement ramoner les cheminées des appartemens et autres lieux occupés, à peine de deux cents francs d'amende contre ceux qui se trouvent habiter les maisons ou chambres dans les cheminées desquelles le feu aura pris faute d'avoir été ramonées, quand même il n'en serait résulté aucun autre accident.

Dans plusieurs départemens, une amende de cette nature est encore imposée en pareil cas. C'est un usage qu'on fera bien d'abolir partout où il subsiste. En effet, outre qu'on n'est pas toujours le maître de prévenir un accident de cette nature, il arrive souvent que, pour ne pas s'exposer à subir une condamnation pécuniaire, on cherche à éteindre le feu soi-même; et si l'on n'y réussit pas, il peut en résulter un incendie.

Pour satisfaire à l'esprit des ordonnances précitées,

il suffirait d'infliger une peine à quiconque ne se serait pas conformé aux réglemens locaux relatifs au ramonage.

Dans quelques villes, il n'est pas rare de voir encore, sur les tuyaux de cheminée, des objets en bois placés dans le dessein de les empêcher de fumer. La police devrait proscrire ces constructions, et s'étayer de l'ordonnance du 28 mars 1724, qui défend aux maçons et aux couvreurs l'usage qu'ils avaient introduit, d'abriter l'orifice supérieur des tuyaux avec des paniers d'osier enduits de plâtre. L'expérience avait prouvé que ces paniers se desséchant, et devenant dès lors faciles à s'enflammer, le feu s'y mettait, et que, portés ensuite par le vent dans les greniers ou autres lieux, ils pouvaient occasionner des incendies.

Quelque peu redoutable que paraisse en général un feu de cheminée, on vient de voir cependant qu'il peut, en beaucoup de cas, avoir des conséquences funestes. Mais ne fût-ce que le désordre et les alarmes qu'un tel événement entraîne toujours, c'en serait assez pour provoquer la sollicitude des propriétaires et la surveillance de l'administration.

Moyens de construction pour prévenir les incendies.

Nous avons dit que l'invasion du feu est due bien souvent à des vices de construction ; c'est aussi à un défaut de soin qu'il faut imputer la facilité avec laquelle l'incendie étend ses ravages.

Citons Paris pour exemple. On y est dans l'usage de faire les cloisons de distribution en planches de sapin, dites bois de bateau, presque jointives ; seulement les intervalles en sont hourdés et les faces crépies et enduites en plâtre ; les huisseries, des poteaux et des entretoises, restent apparens. Comment le feu n'aurait-il pas une prise facile sur de pareilles cloisons ? N'est-ce pas un aliment destiné à accroître son impétuosité ?

Ces cloisons, dites à claire voie, devraient être proscrites, et remplacées par des murs en briques de champ, plus faciles et plus prompts à établir, et infiniment préférables même en ce qui regarde la propreté.

Sous ce dernier rapport, en effet, les cloisons à claire voie ont l'inconvénient de laisser des bois apparens qui ne peuvent bien se lier avec les plâtres du hourdage, du crépis et de l'enduit, ni être bien dégauchis, lors même que ces cloisons sont exécutées dans des dimensions moyennes. Il s'ensuit qu'on ne peut faire dessus aucune peinture propre, ni même appliquer une tenture sans que les joints paraissent. Au lieu de faire les séparations de ce genre d'une manière dont les dangers et les imperfections sont palpables, que ne les fait-on en briques de champ, ai-je souvent dit à divers constructeurs ? Les uns ont prétendu que celles-ci ne seraient pas aussi solides, et qu'il faudrait toujours y employer des huisseries ; les autres, qu'elles surchargeraient les planchers, etc. Il est clair que l'objection prise de la solidité relative n'est pas soutenable.

Le second motif ne me paraît pas mieux fondé. J'ai vu, dans un château abandonné, des restes suspendus d'une cloison en briques de champ qui séparait une pièce de 25 pieds de long sur 15 de haut; elle existait dans cet état depuis nombre d'années. Il faut croire que les voisins qui avaient besoin de quelques briques, détachaient de cette cloison celles qui étaient à leur portée : par l'effet du courant d'air, dans un lieu exposé à tout vent, j'ai vu cette cloison vaciller de plusieurs pouces. Puisque la partie supérieure attachée contre les murs et le plafond restait suspendue sur une hauteur d'environ 8 pieds, c'est une preuve évidente que ce genre de construction ne surcharge pas plus qu'une autre les planchers.

J'ai fait exécuter, loin de Paris, à peu près tout ce qu'il est possible de faire en cloisons de briques, sans huisseries ni linteaux aux baies, avec une célérité bien faite pour séduire les habitans de la capitale. Cependant j'ai rencontré d'abord quelque opposition dans cette dernière ville pour le peu que j'y en ai fait faire : le menuisier voulait des huisseries à toute baie, le maçon au moins des linteaux en bois ou en fer; mais ce qu'ils regardaient comme une témérité fut tout à coup considéré comme la chose la plus simple : néanmoins je ne sache pas avoir eu d'imitateurs; ce qui prouve que le préjugé ou l'habitude exerce ici son empire comme ailleurs, puisque ces cloisons ne coûtent pas un sixième de plus que celles à claire voie, et qu'elles présentent tous les avantages de sécurité, de célérité et de propreté.

Les incendies des salles de spectacle ont attiré l'attention de l'administration, et la police exige maintenant, pour Paris, que les combles de ces édifices soient construits en fer. Je ne vois, dans cette disposition, que de bonnes intentions sans nécessité impérieuse; car pourquoi obliger de construire le comble en fer, tandis que les planchers des corridors, des foyers, des loges et des logemens, les cloisons de distribution, etc., restent en bois? Quand le feu arrive dans les greniers, il a dévoré ou dévore les parties inférieures; ce serait donc dans ces dernières qu'il faudrait apporter toutes les attentions qui pourraient concourir à empêcher le feu de s'étendre, et à donner de la scurité aux spectateurs.

L'exemple des planchers en fer et poterie pratiqués et ceux qui se pratiquent maintenant dans les travaux dirigés par M. Fontaine, architecte du Roi et de monseigneur le duc d'Orléans, pour l'achèvement du Palais-Royal, est suffisant pour démontrer qu'il est possible de prendre des mesures plus efficaces contre les incendies que celle d'obliger à construire seulement les combles en fer.

Je recherche, avec tout le soin dont je suis capable, ce qui me paraît répréhensible dans les constructions; mais j'aime à citer les bons usages établis. De ce nombre sont encore les plafonds à augets et les aires en plâtre sous les parquets et les carrelages. Un fait récent suffira pour justifier l'utilité de cette pratique, sans s'arrêter à la considération qui fait que ces planchers sont aussi sourds qu'il est possible.

Dans la nuit du 28 au 29 avril 1826, vers 10 heures, le feu prit à une travée de plancher du bâtiment de la composition de l'Imprimerie royale. J'allai sur-le-champ prévenir les pompiers attachés à ce grand et intéressant établissement; fort heureusement il restait encore quelques ouvriers imprimeurs, et nous fûmes bientôt maîtres du feu. Les plâtres des augets du plafond étaient embrasés comme le charbon d'un fourneau en activité dans un espace d'environ 40 pieds superficiels, mais sans répandre de flamme. Nul doute que si le feu n'a pas pris d'extension, et que si les bois ne se sont pas enflammés, on le doit au plafond à augets et à l'aire en plâtre qui avait intercepté le courant d'air et empêché jusqu'à ce moment le feu de communiquer aux lambourdes et parquets placés au-dessus. Cette circonstance m'a confirmé dans l'opinion qu'une construction de cette nature doit être mise au rang des meilleures garanties contre l'incendie. Des planchers hourdés en plein seraient préférables encore; mais comme ils seraient très lourds et dispendieux, leur emploi pourrait se borner à quelques cas particuliers.

A Nantes, les réglemens de police obligent de construire en pierre les escaliers de bâtimens quelconques. Cette injonction a pour but d'assurer, autant qu'il est possible, la retraite des personnes, et de faciliter les secours dans les lieux où se manifeste un incendie. Elle paraît pécher par une exigence trop rigoureuse en ce qui concerne les particuliers : en effet, elle entraîne pour eux plus de dépense, et les gêne dans la distribution la plus convenable à donner à leurs habitations. Mais ne serait-il pas sage de généraliser cette mesure de prévoyance ou telle autre analogue, et d'en faire l'application aux bâtimens publics, sans aucune exception ?

SECTION IV.

Ramonage.

J'ai trouvé écrit quelque part : « Il ne suffit pas de « construire une cheminée qui ne fume point, il faut « encore *pouvoir y introduire un ramoneur pour « en ôter la suie et éviter les accidens du feu ; et « cette puissante considération s'oppose à ce qu'on « puisse adopter des dimensions qui ne le permet- « traient pas.* »

Le meilleur ramoneur c'est le feu. Nos pères,

qui faisaient de solides tuyaux qui n'étaient pas dévoyés, employaient souvent ce moyen. Mais, pour plusieurs raisons, la police a sagement fait de l'interdire. Généralement parlant, les constructions légères que nous faisons depuis quelque temps seraient incapables de résister à l'effet de la dilatation de l'air et des produits de la combustion contenus dans le tuyau d'écoulement; et, lors même que ces constructions présenteraient toute la solidité désirable, l'exemple serait dangereux. Volontaire ou non, un feu de cheminée jette l'alarme, et inspire aux voisins des craintes qu'il est toujours sage de leur épargner.

L'article *Ramoneur* du *Dictionnaire des Sciences médicales*, contient ce qui suit:

« Les ramoneurs sont des enfans savoyards ou au-
« vergnats qui se répandent tous les ans en France,
« pendant la saison des froids, pour ôter des chemi-
« nées la suie qui engorge les tuyaux, et dont l'amas
« pourrait donner lieu à des incendies. On prend sur-
« tout des enfans pour ce travail, parce que le volume
« moindre de leur corps facilite leur passage dans
« les tuyaux, outre que la flexibilité de leurs mem-
« bres et leur agilité rendent leur ascension plus facile.
« Plus les ramoneurs sont jeunes, et plus ils convien-
« nent pour leur travail.

« On envoie ces enfans surtout dans les villes, où
« ils sont sous la conduite d'un chef qui est chargé de

« les nourrir, et à qui ils remettent une partie de ce « qu'ils gagnent.

« L'opération du ramonage se fait, comme on sait, « en grimpant par le conduit étroit d'une cheminée, « au moyen d'efforts continuels et en s'arc-boutant « des genoux au *sacrum;* aussi les ramoneurs ont- « ils ces deux parties garnies d'un cuir ou d'un mor- « ceau de chapeau, pour diminuer un peu la com- « pression des chairs qui a lieu, ce qui n'empêche pas « que ces régions ne deviennent calleuses. Ils s'aident « aussi des coudes, des mains et de la tête dans leurs « efforts de grimpement. Le plus difficile du métier « de ramoneur est de monter; car ils descendent en se « laissant couler et en s'arrêtant un peu par la pres- « sion qu'ils font sur les parois du tuyau pour ne pas « glisser trop vite.

« La posture des ramoneurs est parfois extrême- « ment gênée. Dans les grandes villes, on ménage « le terrain autant qu'il est possible, de sorte qu'on « rétrécit les tuyaux d'une manière remarquable : « on a calculé que 7 à 8 pouces suffisaient pour le « passage d'un jeune enfant, de sorte que souvent « on ne donne que ce diamètre à ces conduits. Si les « ramoneurs ont la tête plus grosse, ou s'il y a de « l'inégalité dans le tuyau, il arrive parfois qu'ils « sont arrêtés par la tête, ce qui forme un véritable « enclavement. On a vu des enfans périr dans cette « position, avant qu'on eût pu les secourir. On y par-

« vient en leur descendant, du haut de la cheminée, « une corde qu'ils tiennent fortement par les bras pla- « cés au-dessus de la tête; ce qui protége celle-ci, et « empêche qu'elle n'éprouve autant de frottement, « tandis qu'on les retire à force de bras.

« Dans les momens d'incendie de cheminée, on se « hâte d'y faire monter un ramoneur pour abattre « les restes de suie enflammée, et inspecter tous les « points de ses conduits. Parfois la chaleur qui y « reste est si grande, qu'on en a vu être brûlés aux « parties du corps qui servent au grimpement; d'au- « tres fois, il y reste des gaz délétères, ou de la fu- « mée, qui asphyxient ces petits malheureux, que l'ap- « pât d'un gain plus fort que de coutume avait en- « gagés à monter avant le refroidissement du tuyau.

« Il est difficile, quelque conduite que l'on tienne, de « parer à la plupart des accidens précédens. Une largeur « suffisante dans les tuyaux, et l'attention de n'y faire « monter qu'après le refroidissement, en cas d'incen- « die, sont les seules précautions qui pourraient faire « éviter les principaux de ces accidens, et qui doi- « vent être prises par les propriétaires ou par l'au- « torité. Ces précautions sont inutiles dans la plupart « des campagnes, où les tuyaux sont trop larges pour « qu'un ramoneur puisse y monter; car, au-delà de « 15 à 18 pouces, le corps d'un enfant ne peut plus « s'arc-bouter. »

Dans plusieurs provinces de la France, on se sert

rarement de ramoneurs : ce sont les couvreurs qui nettoient les tuyaux de cheminée, au moyen d'un fagot de bois épineux ou sarmenteux, et dont la grosseur est telle qu'il puisse y monter et descendre avec un certain effort. Le couvreur, étant sur le haut de la cheminée, envoie une corde, qu'il retient par un bout, à son garçon qui est dans le foyer ; celui-ci attache le fagot par le milieu de cette corde, et la saisit par l'autre bout. L'homme qui est en haut fait monter le fagot, l'autre le fait descendre ; et ce mouvement alternatif, répété dans toute la hauteur du tuyau, en détache la suie et le nettoie très bien. Cette méthode, il est vrai, a l'inconvénient de forcer à monter sur les toits. En outre, s'il existe des mitres, des gueules de loup ou autres machines au sommet du tuyau, ou quelque appareil dans l'intérieur, il faut en opérer la dépose et la repose à chaque ramonage.

Aux tuyaux des cheminées de fourneaux et autres assez étroits pour qu'il soit impossible de les ramoner de la manière ordinaire, on attache sur la fermeture une chaîne de fer à chaînons courbes de toute la longueur du tuyau, au moyen de laquelle on fait tomber la suie en remuant cette chaîne circulairement par le bas.

Les petits tuyaux de poêle ou de fourneau se ramonent avec une forte brosse, de forme cylindrique, attachée à un manche flexible de fil de fer tordu.

Ces deux derniers moyens peuvent parfaitement convenir pour les tuyaux des poêles et des fourneaux, dans le foyer desquels la fumée, en partie brûlée par l'effet de la plus grande intensité que la chaleur y acquiert, ne dépose plus sur les parois qu'une poussière légère qui s'y fixe sans y adhérer fortement. Mais ces mêmes moyens seraient insuffisans pour détacher la couche de suie épaisse et onctueuse qui tapisse les tuyaux des appareils à foyer ouvert, principalement ceux où l'on brûle du bois.

« La trop grande quantité de suie peut gêner le « passage de la fumée; il faut alors faire ramoner le « tuyau. Mais veut-on une nouvelle manière prompte « et sûre de le nettoyer et d'en faire tomber la suie « sans avoir besoin de ramoneur? il faut employer « le procédé suivant. Broyez bien dans un mortier « chaud et mêlez ensemble trois parties de salpêtre, « deux parties de sel de tartre et une partie de fleur « de soufre; mettez-en sur une pelle de fer autant « qu'il pourrait en contenir sur un sou marqué; ex- « posez la pelle sur un feu clair près le fond du foyer : « sitôt que le mélange commencera à bouillir, il ful- « minera de manière que le seul mouvement subit de « l'air élastique contenu dans le tuyau, fera tomber « sans aucun dommage ni danger, la suie, aussi bien « et même mieux, que pourrait le faire un ramoneur.

« Si le premier coup ne suffit pas pour nettoyer le « tuyau aussi bien qu'on le désire, on peut répéter « l'opération [1]. »

(1) M. Cadet de Vaux.

Quoi qu'il en soit, il faut en général n'employer qu'avec une extrême réserve tout procédé qui occasionne un déplacement subit de l'air dans le tuyau. En effet, il peut arriver que les constructions de ce tuyau, n'étant pas capables de résister à la force expansive de l'air soudainement dilaté, une dégradation considérable soit le moindre des dégâts qu'un expédient de cette nature peut entraîner.

SECTION V.

Secours à porter aux feux de cheminée.

On sait que rien ne brûle sans le contact de l'air; il suffit donc, pour éteindre le feu, de le priver de l'air qui lui sert d'aliment, ou d'appliquer à la surface du corps embrasé une matière qui ne soit pas combustible, comme, par exemple, de l'eau : mais il faut pour cela que l'eau puisse demeurer en liqueur plus long-temps que ne peut durer l'embrasement; c'est pourquoi il faut en jeter beaucoup ; car si l'on n'en jette qu'une petite quantité sur un grand feu, cette eau, éprouvant un degré de chaleur plus violent que celui qu'elle peut soutenir en plein air, se décompose; son oxigène se combine avec le corps qui brûle, et son hydrogène, se combinant avec le calorique, forme un gaz qui s'embrase sur-le-champ et ajoute beaucoup à l'activité de la flamme.

Pour éteindre un feu de cheminée, il faut intercepter totalement le courant d'air. On y parvient, en enveloppant toute l'ouverture du chambranle avec une couverture ou un drap mouillé qu'on a soin de tenir constamment imprégné d'eau, et qu'on retient fortement par les angles et les côtés, pour que la colonne d'air intérieure ne le fasse pas entrer dans le foyer.

On obtient le même résultat en bouchant totalement le foyer avec du fumier long qu'on a le soin d'entretenir humide.

Si le feu prend dans un tuyau d'appareil quelconque, le secours le plus efficace est d'y jeter de l'eau par l'ouverture supérieure; pour cela, il faut non-seulement qu'on puisse parvenir au sommet du tuyau, mais qu'il soit facile de faire passer l'eau à celui qui y a atteint. J'ai vu à Angers un bâtiment dont le toit tronqué était terminé par une petite terrasse : on ferait une heureuse application de cette idée utile, si elle venait à trouver de nombreux imitateurs. On se procurerait par là un passage commode pour se porter sans péril vers le tuyau d'une cheminée en feu et faire aisément le service nécessaire pour y faire arriver les moyens de secours. De cette espèce de terrasse, on pourrait même dominer le feu qui se manifesterait dans quelque partie du bâtiment, et dès lors se trouver en position de le maîtriser et d'en arrêter les progrès : de là encore on serait à portée de fournir une assistance efficace au voisin dont la maison serait en proie à un incendie.

La *fig.* 68, *pl.* VII, présente la coupe d'un toit tronqué et partie de l'élévation, avec les différentes positions que peuvent avoir les tuyaux de cheminée dans tout bâtiment. Soit *A* un tuyau de cheminée dans un mur de refend longitudinal qui partagerait le bâtiment ou une partie en deux portions égales; la terrasse devrait avoir assez de largeur pour que l'on pût passer des deux côtés de tous les tuyaux qui seraient dans ce mur de refend. *B* est un tuyau dans un mur de refend transversal, et qui est arrêté au même plan que la balustrade dont le tuyau *C* est écarté, pour faire voir qu'on pourrait y communiquer par la terrasse, ainsi qu'à ceux *D*, dans les pignons.

L'utilité d'une pareille disposition est évidente : en diminuant d'autant la hauteur de nos toits, elle contribuerait à en rendre l'aspect moins désagréable.

Moyens conseillés pour éteindre un feu de cheminée.

Dans le nouveau *Cours complet d'Agriculture*, il est dit : « Un moyen plus sûr que de boucher l'ouver-
« ture inférieure pour empêcher un feu de cheminée,
« c'est de jeter une poignée de soufre réduit en poudre,
« ou fleur de soufre, sur les charbons encore brûlans.
« Le gaz sulfureux qui se dégage, remplit la cheminée,
« s'empare de tout l'oxigène de l'air, éteint subitement
« la flamme. Tout cultivateur prudent doit toujours
« avoir chez lui quelques livres de soufre pour l'oc-
« casion ; le déboursé serait peu considérable. »

En Allemagne, presque tous les tuyaux sont garnis

de trappes dans leurs parties supérieures, et on les laisse retomber dans le cas de feu. Une semblable précaution, dont les effets salutaires n'ont pas besoin d'être démontrés, mériterait de prendre faveur et d'être mise en vogue chez nous.

FIN.

TABLE DES MATIÈRES.

CHAPITRE PREMIER.

CHAPITRE II.

CHAPITRE VI.

CHAPITRE VII.

CHAPITRE VIII.

CHAPITBE IX.

CHAPITRE X.

CHAPITRE XI ET DERNIER.

FIN DE LA TABLE DES MATIÈRES.

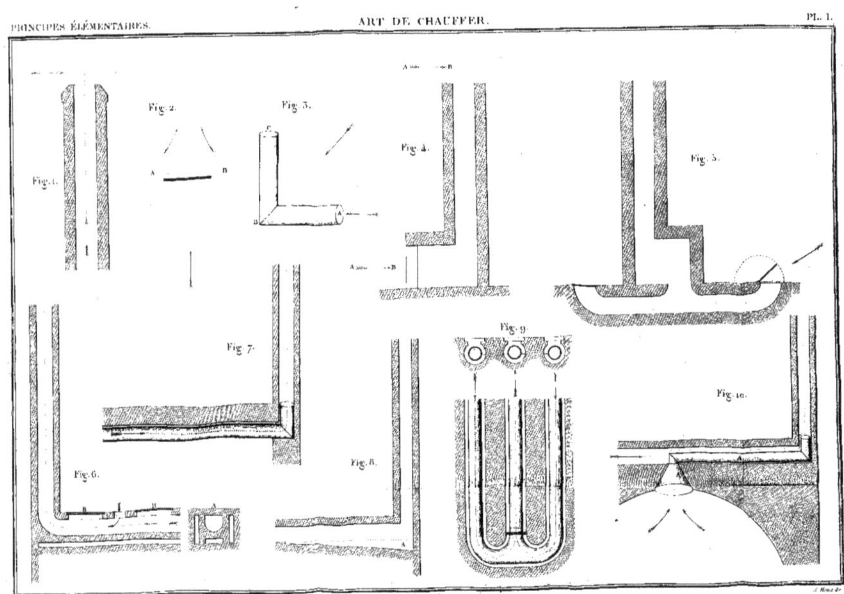
Fig. 1.
Fig. 2.
A
B
Fig. 3.
C
B
A
Fig. 4.
A
B
A
B
Fig. 5.
Fig. 6.
B
B
A
Fig. 7.
Fig. 8.
A
Fig. 9
Fig. 10.
A

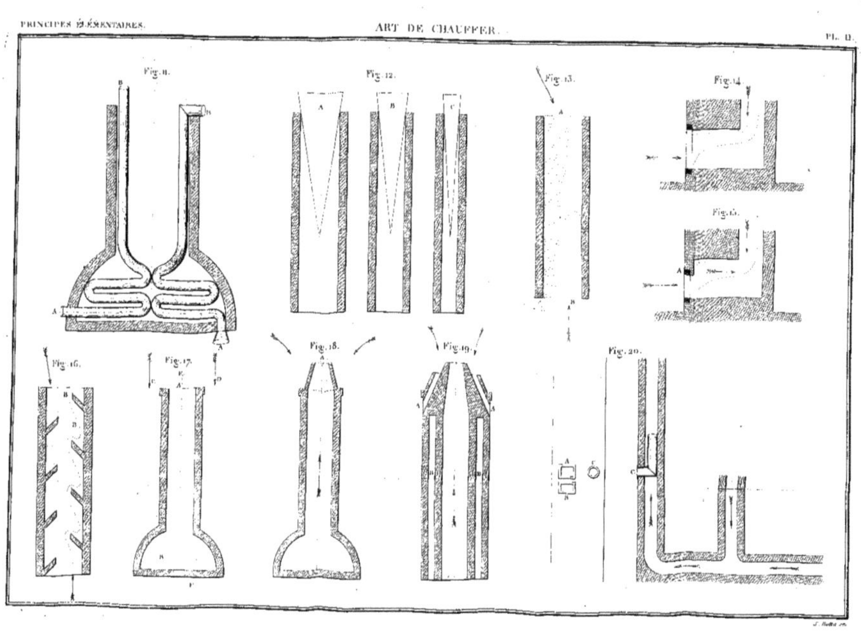
Fig. 11.
Fig. 12.
Fig. 13.
Fig. 14.
Fig. 15.
Fig. 16.
Fig. 17.
Fig. 18.
Fig. 19.
Fig. 20.

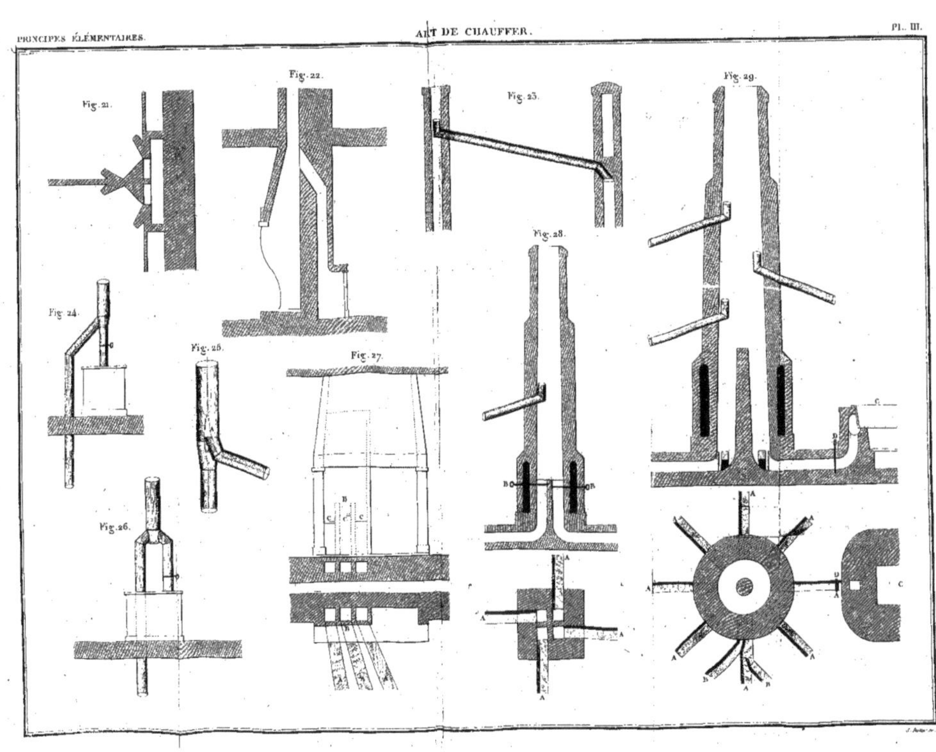
Fig. 21.
Fig. 22.
Fig. 23.
Fig. 29.
Fig. 28.
Fig. 24.
Fig. 25.
Fig. 27.
Fig. 26.

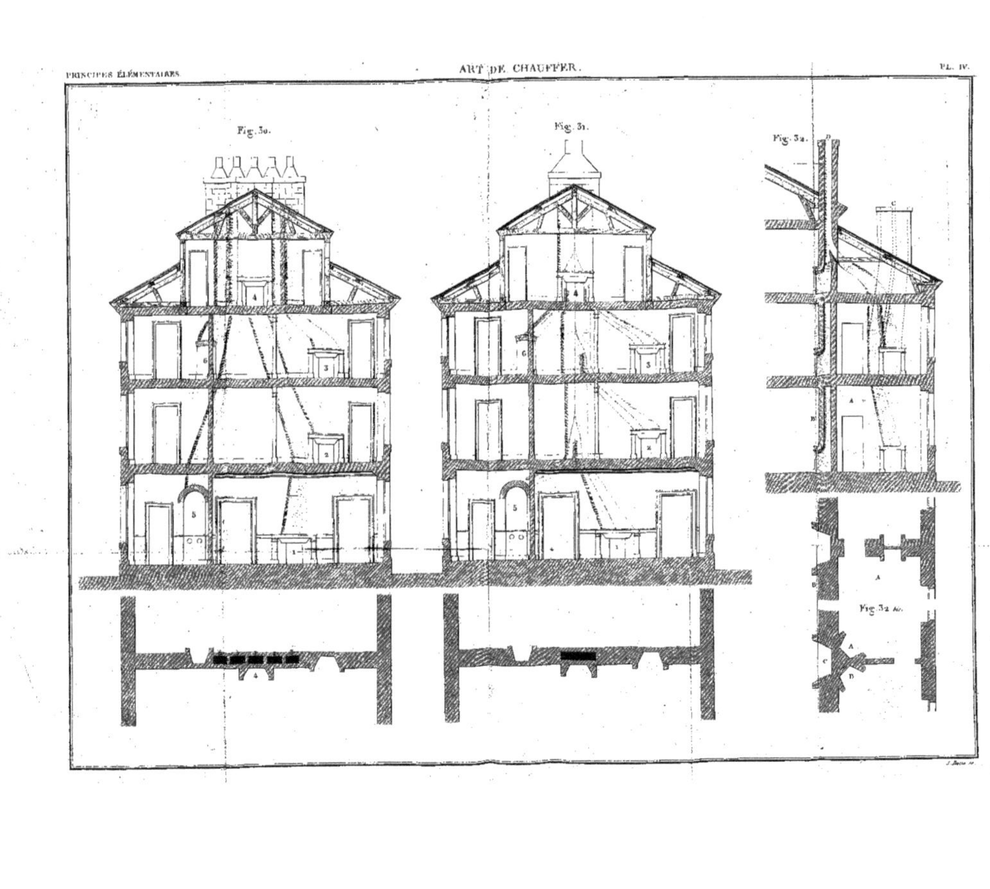
Fig. 30.
Fig. 31.
Fig. 32.
Fig. 32 bis.

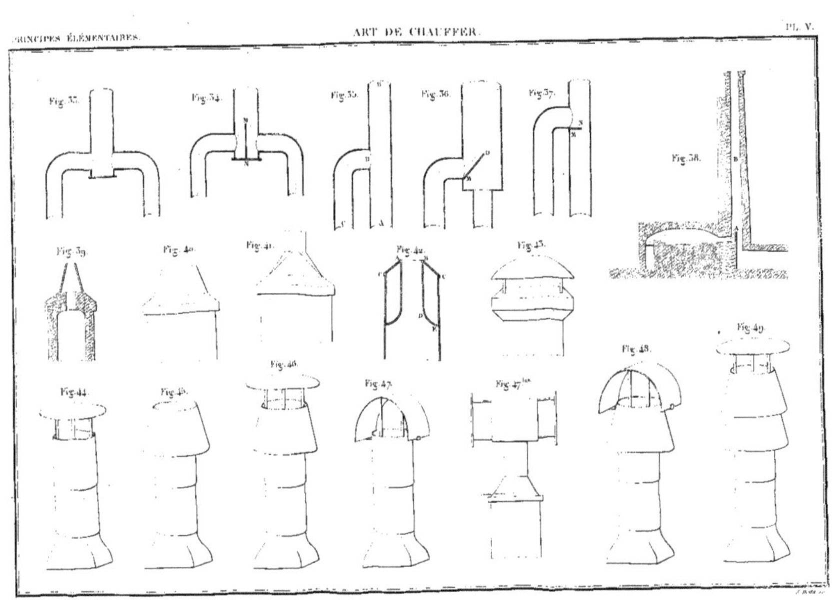
Fig. 33.
Fig. 34.
Fig. 35.
Fig. 36.
Fig. 37.
Fig. 38.
Fig. 39.
Fig. 40.
Fig. 41.
Fig. 42.
Fig. 43.
Fig. 44.
Fig. 45.
Fig. 46.
Fig. 47.
Fig. 47 bis.
Fig. 48.
Fig. 49.

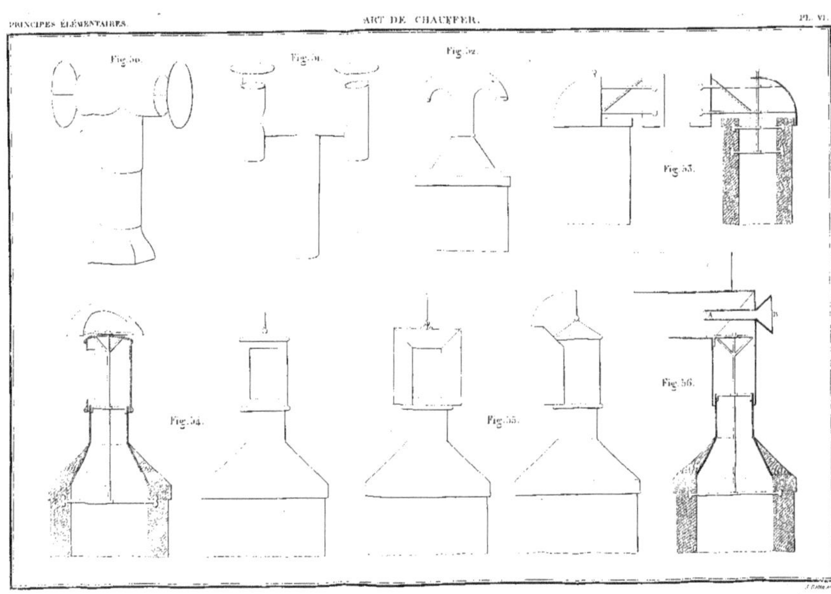
Fig. 50.
Fig. 51.
Fig. 52.
Fig. 53.
Fig. 54.
Fig. 55.
Fig. 56.
A
B

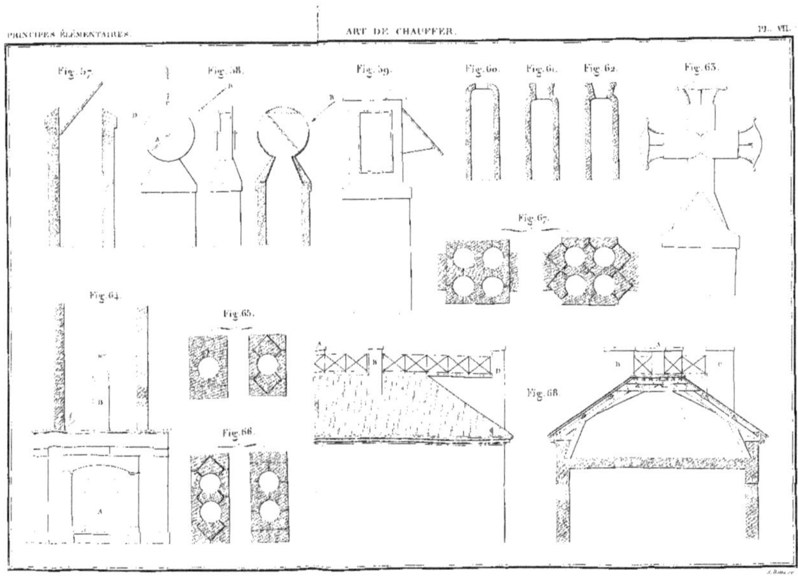
Fig. 57.
Fig. 58.
Fig. 59.
Fig. 60.
Fig. 61.
Fig. 62.
Fig. 63.
Fig. 67.
Fig. 64.
Fig. 65.
Fig. 66.
Fig. 68.

www.ingramcontent.com/pod-product-compliance
Ingram Content Group UK Ltd.
Pitfield, Milton Keynes, MK11 3LW, UK
UKHW020305230726
13925UKWH00001B/234